THOMAS BÜHRKE

WAS IST DUNKLE MATERIE?

WAS IST

THOMAS BÜHRKE

DUNKLE

DIE SUCHE
NACH DER
UNSICHTBAREN
KRAFT IM ALL

MATERIE?

KOSMOS

Impressum

Umschlaggestaltung von Büro Jorge Schmidt, München, unter Verwendung eines Fotos von NASA, ESA und J. Lotz (STScI). Es zeigt den Galaxienhaufen Abell S1063, aufgenommen mit dem Hubble-Weltraumteleskop als Teil des Frontier-Fields-Programms. Die Masse des Haufens wirkt als Gravitationslinse, wodurch weiter entfernte Galaxien vergrößert und sichtbar werden.

Mit 69 Farbabbildungen sowie 33 Zeichnungen von Gerhard Weiland, Köln.

Unser gesamtes Programm finden Sie unter **kosmos.de.**
Über Neuigkeiten informieren Sie regelmäßig unsere Newsletter, einfach anmelden unter **kosmos.de/newsletter.**

Gedruckt auf chlorfrei gebleichtem Papier

FSC www.fsc.org
MIX
Papier aus verantwortungsvollen Quellen
FSC® C014889

ISBN 978-3-440-17421-0
Projektleitung: Sven Melchert
Redaktion: Justina Engelmann, Susanne Richter
Satz: Sibylle Schug
Produktion: Ralf Paucke
Druck und Bindung: Druckerei Friedrich Pustet GmbH und Co. KG, Regensburg
Printed in Germany/Imprimé en Allemagne

INHALT

VORWORT

DUNKLE AKTEURE IM KOSMOS

Unser heutiges Standardmodell der Kosmologie hat sich in den vergangenen 20 Jahren zu einer erstaunlich präzisen Theorie entwickelt. Bis zum Ende des Jahrtausends noch stritten führende Kosmologen heftig über den Wert der Hubble-Konstante, der aktuellen Ausdehnungsrate des Universums. Während das eine Lager einen Wert von 50 Kilometer pro Sekunde und Megaparsec (rund drei Millionen Lichtjahren) vertrat, kam das andere auf einen Wert von 100. Eine Diskrepanz, die sich direkt auf die Berechnung des Weltalters übertrug. Zudem tauchte ein scheinbar unüberwindliches Dilemma auf: Das Universum schien jünger zu sein als seine ältesten Sterne. Innerhalb kurzer Zeit hat sich das Blatt dank einer Fülle von neuen Beobachtungs- und Analysemöglichkeiten vollständig gewendet: Die Kosmologie hat sich zu einer Präzisionswissenschaft entwickelt, deren zentrale Größen bis auf wenige Prozent genau bekannt sind. Das gilt auch für die Hubble-Konstante und das Alter des Universums, das Altersparadoxon ist ebenfalls beigelegt. Ein erstaunlich rasanter Fortschritt.

Aber: Das Standardmodell der Kosmologie funktioniert nur dann und ist auch nur dann in sich konsistent, wenn man zwei Ingredienzen einbezieht, über die wir so gut wie nichts wissen: Dunkle Materie und Dunkle Energie. Zusammen machen sie 95 Prozent der Materie aus. Die Entdeckung und Erforschung dieser rätselhaften Substanzen wurde zweimal mit dem Physik-Nobelpreis veredelt: 2019 erhielt ihn der Dunkle-Materie-Pionier James Peebles, 2011 ging er an Saul Perlmutter, Brian Schmidt und Adam Riess für die Entdeckung der beschleunigten Expansion des Universums, ausgelöst durch die Dunkle Energie. Unsere Kosmologie basiert also zum größten Teil auf zwei Akteuren, von denen nur die Auswirkungen erkennbar sind. Vor ähnlichen Problemen stand die Astronomie jedoch auch schon früher.

Mitte des 19. Jahrhunderts etwa bemerkten Forscher, dass die Bewegung des Planeten Uranus von der Vorhersage der Newtonschen Mechanik abwich. Theoretiker vermuteten bald die Schwerkraftwirkung eines unbekannten Planeten. Als Johann Gottfried Galle diesen später Neptun genannten Himmelskörper 1846 tatsächlich entdeckte, war die Newtonsche Theorie noch einmal gerettet. Man könnte dies als den ersten Fall von Dunkler Materie bezeichnen. Ein halbes Jahrhundert später erfuhr ein ähnlich gelagertes Problem eine andere Lösung. Die Umlaufbahn des Planeten Merkur wies ebenfalls unerklärbare Abweichungen von der Vorhersage auf. Die Suche nach einem weiteren Planeten, den man Vulkan nannte, blieb allerdings erfolglos. Auch die Schwerkraftwirkung von Staub ließ sich bald ausschließen. Hier bestand die Lösung des Problems in einer neuen Theorie der Gravitation, Einsteins Allgemeiner Relativitätstheorie aus dem Jahr 1915.

Auch das heutige Problem der fehlenden Masse lässt sich prinzipiell auf diese beiden Arten lösen: Entweder gibt es große Mengen an unsichtbarer Materie, oder die Allgemeine Relativitätstheorie muss entsprechend geändert werden. Beide Varianten werden in diesem

Buch behandelt. Allerdings untersucht nur eine kleine Gruppe von Theoretikern die Möglichkeit eines abgeänderten Gravitationsgesetzes, die überwiegende Mehrheit steht hinter dem Konzept der Dunklen Materie in Form einer unbekannten Art von Elementarteilchen. Ein entscheidender Grund dafür ist die Konsistenz innerhalb des Standardmodells der Kosmologie.

Die Hinweise auf das Wirken von Dunkler Materie kommen aus ganz unterschiedlichen Bereichen der Astrophysik:

- der Rotation und Stabilität von Galaxien
- der Bewegung von Galaxien in ihren Haufen
- der Entstehung der großräumigen Struktur im Universum
- der kosmischen Hintergrundstrahlung
- der Elementsynthese nach dem Urknall
- der Hypothese des inflationären Universums

All diese Phänomene benötigen Dunkle Materie und zwar immer in den gleichen Mengen. Das macht unser heutiges Standardmodell so überzeugend. Eine abgeänderte Gravitation funktioniert dagegen nur im ersten Punkt richtig.

Dennoch bleibt das Problem, dass bislang kein einziges Dunkle-Materie-Teilchen zweifelsfrei nachgewiesen werden konnte. Und das, obwohl mutmaßlich in jeder Sekunde rund eine Milliarde Partikel der Dunklen Materie unseren Körper durchqueren, ohne dass wir davon auch nur das Geringste spüren. Das erscheint unglaublich, relativiert sich aber, wenn man bedenkt, dass im gleichen Zeitraum weit mehr Neutrinos unbemerkt durch uns hindurchschießen. Beide Teilchensorten interagieren kaum mit normaler Materie, was sie so flüchtig und vor allem schwer nachweisbar macht.

Die Dunkle Materie als unsichtbarer und unbekannter Pfeiler der Kosmologie ist eines der Topthemen der Forschung. Woraus besteht sie? Handelt es sich nur um eine Teilchensorte oder sind es vielleicht mehrere? Sind die Dunkle-Materie-Teilchen stabil oder zerfallen sie langsam? Warum ist ihre Häufigkeit gerade so wie beobachtet? Gibt es Zusammenhänge mit Problemen in der Teilchenphysik? Viele Fragen mit vielen möglichen Antworten. Für die vergangenen zehn Jahre verzeichnet das Astrophysics Data System fast 34.000 Veröffentlichungen zu diesem Thema – Tendenz steigend. Andere aktuelle Themen wie extrasolare Planeten brachten es im gleichen Zeitraum auf 20.000 Arbeiten.

In diesem Buch beschreibe ich die verschiedenen Beobachtungen, welche die Existenz von Dunkler Materie belegen, und zahlreiche Experimente, mit denen sie aufgespürt werden soll. Dabei ist die Dunkle-Materie-Forschung gar nicht einmal so jung. Der Begriff tauchte schon vor hundert Jahren auf. Ein rein chronologischer Buchaufbau erschien mir aber nicht sinnvoll, weil sich das Thema über so viele verschiedene Bereiche erstreckt. Dies hätte häufige Wechsel zwischen verschiedenen Entwicklungen erzwungen. Eine Gliederung nach Themen hielt ich daher für sinnvoller, wenngleich auch hier in manchen Kapiteln Vor- und Rückgriffe sowie Wiederholungen nötig sind. Die Erkenntnisse und Erklärungen aus verschiedenen Bereichen greifen eben häufig ineinander. Das betrifft vor allem Aspekte der Allgemeinen Relativitätstheorie und der Teilchenphysik.

Die Dunkle Energie ist nicht das eigentliche Thema dieses Buches, sie gehört aber zum Standardmodell und kann deswegen nicht ignoriert werden. Ihre Erforschung erfährt eine zusätzliche spannende Note, weil ihre Geschichte bis in die Frühzeit der Allgemeinen Relativitätstheorie zurückreicht, in der Einstein einige Jahre lang eine Kosmologische Konstante erwog, die heute in ähnlicher Form als Dunkle Energie wieder in die Kosmologie zurückgekehrt ist.

Ein Wort zum Schluss zur gendergerechten Schreibweise. Es ist ohne Zweifel sinnvoll und nötig, die Leistungen von Wissenschaftlerinnen genauso anzuerkennen und zu ehren wie die ihrer männlichen Kollegen. Das war und ist für mich eine Selbstverständlichkeit. Auch in diesem Buch tauchen viele Astronominnen auf. Derzeit gibt es viele unterschiedliche Versuche, eine gendergerechte Sprache zu realisieren, wie Sternchen, Unterstrich, Doppelpunkt oder andere Symbole zur Kennzeichnung mehrgeschlechtlicher Bezeichnungen. Umständlich und länglich sind Formulierungen wie Wissenschaftlerinnen und Wissenschaftler. Möglich sind zudem neutrale Begriffe wie Forschende und Studierende. Letzteres funktioniert aber nicht, wenn man explizit von Astronomen oder Kosmologen sprechen möchte. Wie also habe ich es in diesem Buch gehalten?

Der Rat für deutsche Rechtschreibung, der für die Einheitlichkeit der Rechtschreibung im deutschen Sprachraum zuständig ist, hat im März 2021 seine Sichtweise deutlich zum Ausdruck gebracht: Die Nutzung von Gendersymbolen „innerhalb von Wörtern beeinträchtigt die Verständlichkeit, Vorlesbarkeit und automatische Übersetzbarkeit sowie vielfach auch die Eindeutigkeit und Rechtssicherheit von Begriffen und Texten. Deshalb können diese Zeichen zum jetzigen Zeitpunkt nicht in das Amtliche Regelwerk aufgenommen werden." Kurz: Er empfiehlt sie nicht. In einem Sachbuch wie diesem werden oft komplexe Sachverhalte beschrieben. Deren Verständnis sollte nicht durch komplizierte Wortkonstruktionen zusätzlich erschwert werden. Deshalb habe ich die klassische Schreibweise beibehalten. Wenn ich von Astronomen und Kosmologen spreche, meine ich den Beruf, den Frauen ebenso ausüben wie Männer. Entscheidend ist ihr aller Beitrag zur Erkenntnis.

KAPITEL 1

GALAXIEN DREHEN SICH – ABER ZU SCHNELL

Die Sterne in den äußeren Bereichen unserer Milchstraße und in anderen Galaxien bewegen sich viel schneller, als es die Schwerkraft der sichtbaren Materie „erlaubt". Schon in den 1920er-Jahren tauchte deshalb erstmals der Verdacht auf, dass es große Mengen an unsichtbarer Materie geben muss. Doch erst ein halbes Jahrhundert später war klar, dass Dunkle Materie die Dynamik von Galaxien dominiert.

Hat man das mittlerweile selten gewordene Glück, einen dunklen Nachthimmel fernab von störenden Lichtquellen genießen zu können, so erkennt man zu bestimmten Zeiten das schwache Schimmern der Milchstraße. Sie tritt als Band in Erscheinung, das die gesamte Himmelssphäre umspannt. Die Galaxis, wie man sie auch nennt, hat schon die alten Gelehrten beschäftigt und zu ganz unterschiedlichen Deutungen ihrer Natur geführt.

DIE RÄTSELHAFTE NATUR DER NEBEL

Die Idee, dass die am Himmel verstreuten Sterne und die Milchstraße gemeinsam ein räumliches System bilden, kam Mitte des 18. Jahrhunderts auf. Der Engländer Thomas Wright, der Deutsche Immanuel Kant und der Elsässer Johann Heinrich Lambert hatten bereits die qualitative Vorstellung einer scheibenförmigen Anordnung der Gestirne. Die erste wissenschaftlich quantitative Untersuchung aber gelang Friedrich Wilhelm Herschel.

Der 1738 in Hannover geborene Herschel war nach England geflohen, um dem Krieg gegen Frankreich zu entgehen. Dort verdiente er sein Geld als erfolgreicher Komponist und Organist und wurde 1766 sogar Musikdirektor in Bath. Doch dann entdeckte er seine Leidenschaft für die Himmelskunde, der er mehr und mehr verfiel. Da er mit der Qualität der damals käuflichen Fernrohre nicht zufrie-

Abb. 1.1: Wir leben inmitten einer Spiralgalaxie, die wir am Himmel als schimmerndes Milchstraßenband erkennen können.

Abb. 1.2: Friedrich Wilhelm Herschel entdeckte den Planeten Uranus und erstellte eine erste Karte der Milchstraße.

den war, begann er, eigene Spiegelteleskope zu bauen. Schon bald übertrafen sie alle bis dahin verfügbaren Instrumente. Im Jahr 1781 wurde er schlagartig weltberühmt, als er den Planeten Uranus entdeckte. Erstmals hatte ein Mensch ein weiteres Mitglied des Sonnensystems jenseits des Saturn erblickt.

Wegweisend war seine Untersuchung der Milchstraße, die er wenig später begann. Um die räumliche Verteilung der in der Milchstraße erkennbaren Sterne zu ermitteln, müssen ihre Entfernungen bekannt sein. Zur damaligen Zeit gab es jedoch keine Möglichkeit, diese zu messen. Herschel war deswegen auf eine rein statistische

Methode angewiesen. Dabei ging er davon aus, dass alle Sterne so hell sind wie unsere Sonne und nur deswegen verschieden hell erscheinen, weil sie unterschiedlich weit von uns entfernt sind. Für diese Hypothese gab es keinerlei Beweise, sie war lediglich die einfachste aller denkbaren Voraussetzungen. Heute wissen wir, dass diese Annahme nicht ganz stimmt. Sterne können unterschiedlich massereich und leuchtkräftig sein. Aber die Sonne ist ein gewöhnlicher Sterntyp, und die meisten Sterne sind zumindest ähnlich hell. Deshalb kam Herschel mit seiner Methode zu einem immerhin qualitativ stimmigen Bild von der Struktur der Milchstraße.

In der Praxis ging er folgendermaßen vor: Er stellte sein Fernrohr fest auf, zählte die Sterne, die durch sein Blickfeld zogen und schätzte ihre Helligkeit. Je lichtschwächer ein Stern erschien, desto weiter war er seiner Meinung nach entfernt. Hierfür musste Herschel eine Skala einführen, in die er die Helligkeiten der Sterne relativ zu unserer Sonne einstufte. Da er glaubte, wirklich alle Gestirne zu erblicken, versuchte er auf diese Weise, die äußeren Grenzen des die Sonne umgebenden Sternsystems abzustecken. Nacht für Nacht saß er im Garten seines Hauses im kleinen Ort Datchet, wobei ihm seine Schwester Caroline zur Seite stand und seine Sternangaben notierte. Sie wurde selbst eine berühmte Astronomin und ging insbesondere als Entdeckerin mehrerer Kometen in die Geschichte ein.

Nach jahrelangen Beobachtungen, in denen Herschel insgesamt 116.000 Sterne charakterisiert hatte, veröffentlichte er 1785 das Ergebnis. Demnach besaß die Milchstraße eine scheibenähnliche Form mit einer Ausdehnung von einigen hundert Lichtjahren und war am Rand ausgefranst (Abbildung 1.3). Wie wir heute wissen, sind dichte Staubnebel, die den Blick auf dahinter liegende Sterne verdecken, die Ursache für diese „Einbuchtungen". Interessant war auch, dass sich unser Sonnensystem nicht genau im Zentrum der Milchstraße befand. Das war ein weiterer Schlag gegen die Vorstellung, der Mensch lebe

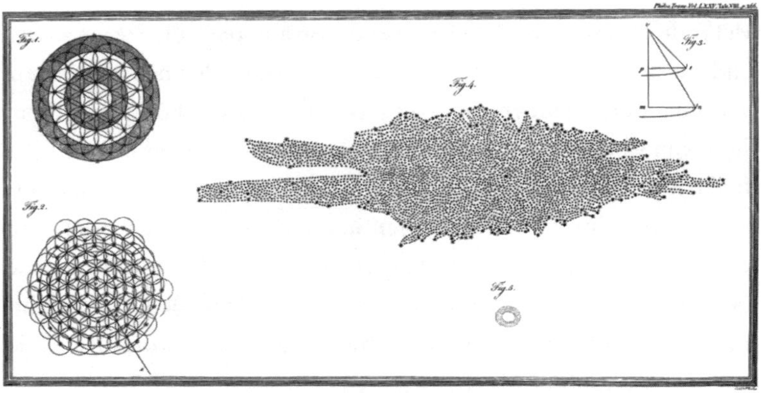

Abb. 1.3: Herschels Karte der Milchstraße mit dem Sonnensystem etwas rechts vom Zentrum

im Mittelpunkt des Universums. Herschel hatte damit zwar die wahren Ausmaße der Milchstraße von 100.000 Lichtjahren weit unterschätzt, qualitativ jedoch ihre räumliche Form bereits recht gut ermittelt.

Entscheidend für den weiteren Verlauf der Geschichte war aber auch, dass Herschel sozusagen „nebenbei“ mehr als 2500 Nebel entdeckte, sie nach ihrer Form ordnete und katalogisierte. Einige waren kugelförmig, andere diffus und wieder andere wiesen eine Spiralform auf (Abbildung 1.4). Um die Natur dieser Nebel entbrannte ein heftiger Streit. Herschel selbst vermutete, dass es sich zumindest in einigen Fällen um Gaswolken handele, in denen neue Sterne entstehen. Die Vorstellung, dass Sterne geboren werden und vielleicht auch sterben, stieß bei den meisten Kollegen auf heftigen Widerstand. Doch 1796 veröffentlichte der französische Mathematiker Pierre Simon de Laplace eine Theorie, in der er die Entstehung der Sonne und ihrer Planeten aus einer rotierenden Wolke beschrieb. So konnte er beispielsweise erklären, warum alle Planeten die Sonne in der gleichen Richtung umkreisen. Diese Interpretation der Nebel hatte eine ent-

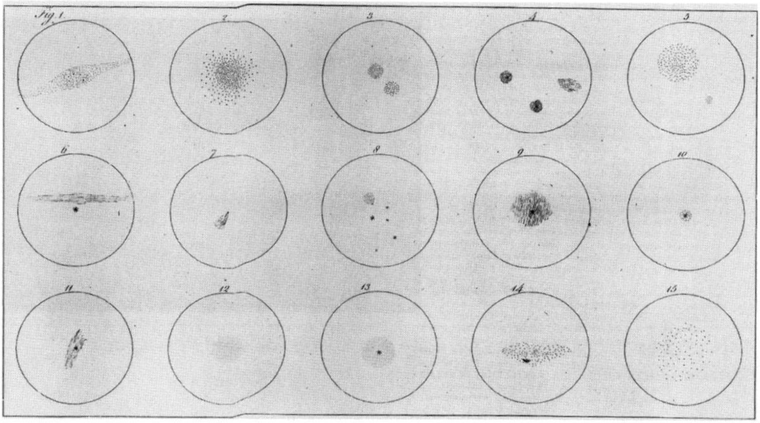

Abb. 1.4: Einige der über 2500 Nebel, die Friedrich Wilhelm Herschel am Himmel entdeckte

scheidende Konsequenz: Sie müssten sich alle innerhalb unserer Milchstraße befinden. Die Anhänger von Laplace waren daher der Meinung, dass es im gesamten Universum nur ein einziges umfassendes Sternsystem gab: die Milchstraße.

Es gab jedoch auch eine andere Deutung der Nebel. Sie ging auf den Philosophen Immanuel Kant zurück. In seiner *Allgemeinen Naturgeschichte und Theorie des Himmels* behauptete er schon 1755, dass es sich dabei um eigene Milchstraßensysteme handele. Diese seien jedoch so weit entfernt, dass die darin befindlichen Sterne nicht einzeln wahrnehmbar seien. Das war für die damalige Zeit vor Herschels Beobachtungen eine äußerst gewagte Hypothese. Sie implizierte, dass das Universum von einer unermesslichen Zahl an Milchstraßen erfüllt sein müsse, die Kant Welteninseln nannte.

Immer wieder beschäftigten sich bedeutende Astronomen mit den ominösen Nebeln, insbesondere fertigten sie detaillierte Zeichnungen an, um möglicherweise Veränderungen zu entdecken, die sich vielleicht erst im Verlauf von Jahren oder Jahrzehnten zeigten. Für Aufsehen

Abb. 1.5: Der Nebel Messier 51 in einer Zeichnung von Lord Rosse, rechts daneben ein Foto des Hubble-Weltraumteleskops

sorgte 1845 Lord Rosse, der mit seinem „Leviathan“ genannten Riesenteleskop in einem Nebel mit der Bezeichnung Messier 51 eine Spiralstruktur entdeckte (Abbildung 1.5). Doch Klarheit über die Ursache und Natur dieser Form brachte auch diese Beobachtung nicht. Dazu bedurfte es neuer technischer Errungenschaften: der Spektroskopie und der Fotografie.

Dem englischen Astronomen William Huggins gelang es 1864 erstmals, das Licht eines Nebels mit einem Prisma in seine Spektralfarben zu zerlegen. 16 Jahre später nahm der amerikanische Astronom Henry Draper das erste Foto des Orion-Nebels auf. Damit hatten diese beiden Pioniere die Tür zur modernen Astrophysik aufgestoßen. Die Spektralanalyse ermöglichte es erstmals, die chemische Zusammensetzung eines Nebels oder eines Sterns zu ermitteln. Darüber hinaus ließen sich nun auch andere Größen wie die Geschwindigkeit eines Himmelskörpers oder dessen Temperatur aus dem Spektrum herauslesen. Die Fotografie ersetzte das Auge. Sie brachte mehr Objektivität in die astronomische Diskussion und ließ bei sehr langen Belichtungszeiten lichtschwache Details erkennen.

Bis zum Ende des 19. Jahrhunderts lagen von einigen hellen Nebeln Spektren vor. Sie zeigten eindeutig, dass etliche von ihnen (wie der

Orion-Nebel) aus Gas bestehen. Durch Vergleich mit den Spektren heißer Gase im Labor konnte Huggins sogar die Elemente Wasserstoff und Stickstoff identifizieren. Nicht so jedoch beim Andromeda-Nebel, der auch als Messier 31 (M 31) bezeichnet wird. Wie Julius Scheiner, Direktor des Astrophysikalischen Observatoriums Potsdam, 1899 herausfand, wies dieser ein reines Sternspektrum auf. Damit konnten sich die Astronomen sicher sein, dass dieser Nebel tatsächlich eine Sternansammlung ist, obwohl er auf Fotos nach wie vor nebulös erschien.

Die wahre Natur dieser fahlen Wölkchen blieb umstritten. Um zwischen den Theorien von Kant und Laplace unterscheiden zu können, benötigten die Astronomen eine zuverlässige Methode der Entfernungsbestimmung. Befanden sich die Nebel innerhalb der Milchstraße, waren sie vielleicht einige hundert oder tausend Lichtjahre entfernt, handelte es sich hingegen um ferne Welteninseln, so mussten uns Millionen Lichtjahre oder mehr von ihnen trennen.

SPIRALNEBEL – ROTIERENDE STERNKARUSSELLS

Noch bevor diese Frage endgültig geklärt wurde, fanden Astronomen heraus, dass sich die Spiralnebel drehen. 1914 gelang es Vesto Slipher am Lowell Observatory in Arizona und Max Wolf an der Sternwarte auf dem Königstuhl in Heidelberg, Spektren vom Andromeda-Nebel und von Messier 104 (heute als Sombrerogalaxie bekannt) aufzunehmen – allerdings nur vom hellen Zentralteil. Der Rest des Nebels war zu lichtschwach.

Welcher Aufwand für eine solche Aufnahme nötig war, schildert Francis Pease, der mit dem 60-Zoll-Teleskop des Mount-Wilson-Observatoriums ebenfalls den Andromeda-Nebel ins Visier nahm, um höher aufgelöste Spektren zu erhalten. Für das erste Spektrum belichtete er eine Fotoplatte im August, September und Oktober 1916 insgesamt 84 Stunden lang, im folgenden Jahr erzielte er ein zweites Spektrum mit 79 Stunden Belichtungszeit. Doch auch hiermit konnte er nur die hellsten, inneren zwei Prozent von Messier 31 abdecken.

Die Spektren enthalten Fingerabdrücke von einigen chemischen Elementen, die als dunkle Linien erkennbar sind. Bewegen sich die Sterne relativ zu uns, so verschieben sich diese Linien: Kommt ein Stern auf uns zu, wandern sie zu kürzeren Wellenlängen und damit zum blauen Bereich des Spektrums. Fliegt ein Stern von uns weg, verschieben sich die Linien zu größeren Wellenlängen, also zum roten Bereich. Aus der Größe der Blau- oder Rotverschiebung ergibt sich direkt die Geschwindigkeit des Sterns relativ zu uns.

Wir kennen diesen Doppler-Effekt aus dem Alltag: Wenn ein Polizeiauto mit eingeschaltetem Martinshorn auf uns zufährt, klingt der Ton höher, als wenn es sich von uns entfernt. Stellt man sich die Schallwellen des Martinshorns als gleichmäßige Folge von Wellenbergen und Wellentälern vor, so erreichen unser Ohr beim Herannahen mehr Wellenzüge pro Sekunde als beim Entfernen. Das bedeutet, die Frequenz der akustischen Welle nimmt zu (die Wellenlänge wird kleiner), beim Entfernen nimmt sie ab (die Wellenlänge wird größer). Wir nehmen dies als Änderung der Tonhöhe wahr. Dieser Effekt funktioniert auch bei jeder Art von elektromagnetischer Welle wie Licht. Die Wellenlängenänderung im Spektrum misst man relativ zu einer in Ruhe befindlichen Lampe im Spektrografen.

Mit dieser Methode konnten die Astronomen damals nicht nur qualitativ die Rotation der Nebel nachweisen (vgl. Abbildung 1.13), sondern auch Rückschlüsse auf die Masse in ihrem Zentralbereich ziehen. Grundlage hierfür waren die Newtonsche Physik und das Keplersche Bewegungsgesetz, wie wir es aus dem Sonnensystem kennen. Hier ruht im Zentrum die Sonne. Würden die Planeten stillstehen, so würden sie durch die Schwerkraft in unser Zentralgestirn hineingezogen. Durch ihren Umlauf wirkt jedoch die Zentrifugalkraft auf sie, die genauso groß wie die Schwerkraft, jedoch genau entgegengesetzt gerichtet ist. Die beiden Kräfte heben sich gegenseitig auf, so dass die Planeten auf stabilen Bahnen die Sonne umlaufen. Dabei nimmt die Geschwindigkeit von innen nach außen ab.

Das Newtonsche Gesetz besitzt eine interessante Eigenschaft. Die Umlaufgeschwindigkeit eines Planeten hängt nämlich nur von der Masse des Zentralgestirns und von der Entfernung zu ihm ab. Die Masse des Planeten hat auf die Geschwindigkeit keinerlei Einfluss: Auf einer bestimmten Bahn bewegt sich ein Planet mit der gleichen Geschwindigkeit um die Sonne wie ein Staubkorn. Oder falls die Erde der Zentralkörper ist: Bei einem Außenbordeinsatz schweben Astronauten neben der Internationalen Raumstation, weil beide gleich schnell kreisen. Deshalb lässt sich beispielsweise die Masse der Sonne berechnen, wenn die Umlaufgeschwindigkeit eines Planeten und der Radius seiner Bahn bekannt sind. Dieses Kepler-Gesetz gilt für alle Systeme, in denen Körper einen Zentralbereich umkreisen.

Genau genommen muss man sagen: Es zählt die gesamte Materie *innerhalb* der jeweiligen Planetenbahn. Beim innersten Planeten Merkur ist dies nur die Sonne, bei der Erde aber befinden sich innerhalb ihrer Bahn zusätzlich zur Sonnenmasse noch diejenigen von Merkur und Venus. Deren Massenanteil ist indes so gering, dass man ihn meist vernachlässigen kann.

Bei den Galaxien ist es sehr ähnlich. Allerdings ruht hier im Zentrum nicht eine einzige dominierende Masse, um die sich die Sterne bewegen, sondern die Spiralgalaxien weisen eine bestimmte Massenverteilung auf, die man bereits auf den Aufnahmen beispielsweise des Andromeda-Nebels erkennt (vgl. Abbildung 1.7). Er besitzt einen nahezu kugelförmigen Kernbereich, den die Astronomen auch „Bulge" (englisch für Wulst oder Bauch) nennen. Darin sind so viele Sterne versammelt, dass sie nicht mehr einzeln erkennbar sind. Je weiter ein Stern vom Zentrum entfernt ist, desto mehr Sterne befinden sich innerhalb seiner Umlaufbahn. Deshalb erwartet man hier, im Gegensatz zum Sonnensystem, dass die Umlaufgeschwindigkeit mit dem Abstand wächst. Genau das konnten Slipher, Wolf und Pease mit ihren Spektren vom Bulge des Andromeda-Nebels und von Messier 104 bestätigen. Allerdings konnten sie nicht die Masse darin bestimmen, denn dafür hätten sie die Entfernungen kennen müssen.

Im April 1920 trafen sich führende Astronomen zu einer Tagung der National Academy of Sciences in Washington, um über die Entfernungen der Nebel und deren Natur zu diskutieren. Diese „Große Debatte" ging in die Geschichte der Kosmologie ein, brachte aber auch kein unumstößliches Ergebnis. Die beiden Lager der Nebel- und der Welteninselfraktion blieben unversöhnlich. Den Gordischen Knoten durchschlug drei Jahre später einer der bedeutendsten Astronomen seiner Zeit: Edwin Hubble.

Der 1889 in Marshfield, Missouri, geborene Hubble studierte auf Wunsch seines Vaters Jura, doch weiter als bis zu einer bestandenen Zwischenprüfung kam er nicht. Die Rechtslehre war nicht sein Fall, und nach anfänglichen Versuchen, als Sprachlehrer zu arbeiten, besann er sich plötzlich auf seine alte Leidenschaft: die Astronomie. Kurzentschlossen bemühte er sich um eine Doktorarbeit und wurde tatsächlich am Yerkes-Observatorium angenommen, das damals über das größte Linsenfernrohr der Welt verfügte. Nach einem brillanten Doktorexamen und einem kurzen Einsatz im Ersten Weltkrieg nahm er eine Stelle am Mount-Wilson-Observatorium an. Dort verfügte er über die leistungsstärksten Teleskope seiner Zeit und konzentrierte sich ganz auf die Untersuchung von Nebeln. Hier entwickelte er auch die noch heute gebräuchliche Klassifikation von Spiral- und elliptischen Nebeln.

Die entscheidende Entdeckung gelang ihm im Oktober 1923: Auf einer Aufnahme des Andromeda-Nebels fand er einen Stern, dessen Helligkeit periodisch schwankte. Es handelte sich um einen

Abb.1.6: Edwin Hubble entdeckte die Galaxienflucht und legte damit den Grundstein für die Urknalltheorie.

Vertreter des Typs Delta Cephei. Diese Sterne weisen einen charakteristischen Zusammenhang zwischen ihrer absoluten Leuchtkraft und der Periode ihrer Helligkeitsschwankung auf, wie die amerikanische Astronomin Henrietta Leavitt schon 1912 herausgefunden hatte. Dies eröffnete die einzigartige Möglichkeit, die Entfernung

Abb. 1.7: Die Andromeda-Galaxie, in der Hubble einen Delta-Cephei-Stern entdeckte

des Andromeda-Nebels zu ermitteln. Hubble vermaß dazu die Periodendauer des entdeckten Delta-Cepheiden zu 31,4 Tagen sowie dessen scheinbare Helligkeit, also wie hell der Stern auf der Aufnahme erschien. Nun konnte er aus Leavitts Perioden-Helligkeits-Beziehung seine absolute Leuchtkraft bestimmen, und aus dem Unterschied von scheinbarer zu absoluter Helligkeit ergab sich seine Entfernung.

Der ermittelte Wert von sagenhaften 900.000 Lichtjahren beendete die jahrhundertealte Debatte zumindest über die Natur der Spiralnebel mit einem Schlag: Der Andromeda-Nebel ist eine Galaxie wie unsere Milchstraße, und damit sind auch alle anderen Spiralnebel ferne Welteninseln im Sinne Kants. Sie bevölkern ein möglicherweise unendlich großes Universum. Als der prominenteste Gegner der Welteninsel-Hypothese, Harlow Shapley, von dieser Entdeckung erfuhr, sagte er zu seiner Doktorandin Cecilia Payne: „Hier ist der Brief, der mein Universum zerstört hat!" Gasnebel, wie derjenige im Schwert des Orion, befinden sich hingegen innerhalb der Milchstraße. Einige von ihnen sind tatsächlich Sternentstehungsgebiete, womit auch Laplace nicht ganz Unrecht gehabt hat.

Mit der nun bekannten Entfernung konnte Hubble aus den zuvor gemessenen Rotationsgeschwindigkeiten auch die Masse der Sterne im zentralen Bulge der Andromeda-Galaxie berechnen. Demnach befanden sich innerhalb eines Radius von 650 Lichtjahren vom Zentrum 240 Millionen Sonnenmassen. Hubble schätzte zudem, dass die Milchstraße größer sei als die Andromeda-Galaxie. Diese Fehleinschätzung lag zum Teil daran, dass Messier 31 in Wirklichkeit fast dreimal weiter von uns entfernt ist als von ihm berechnet.

Von dieser neuen Erkenntnis über den Andromeda-Nebel beflügelt, untersuchte Hubble weitere Galaxien, wobei ihm 1929 erneut eine bahnbrechende Entdeckung gelang: Fast alle Galaxien streben von uns fort, und ihre Geschwindigkeit wächst mit der Entfernung

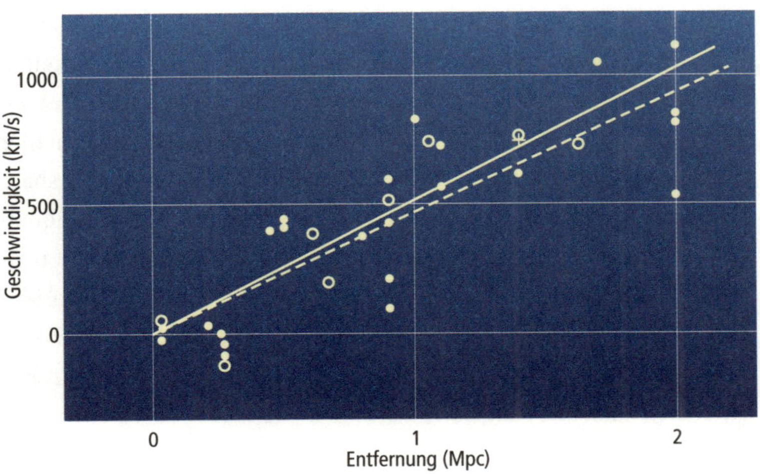

Abb. 1.8: Das Diagramm, das die Kosmologie revolutionierte: die von Edwin Hubble gemessene Galaxienflucht

(Abbildung 1.8). Bald wurde klar, dass wir hier die Ausdehnung des Raumes beobachten. Daraus ergab sich folgerichtig die Entstehung des Universums aus einem Punkt heraus.

STERNE ÜBERSCHREITEN DAS TEMPOLIMIT

Galaxien gerieten nun verstärkt ins Interesse der Astronomen. Eine zentrale Frage war: Inwiefern sind die Milchstraße und die Spiralgalaxien vergleichbar? Die Struktur unserer Galaxis lässt sich ungleich schwerer ermitteln als die der Spiralgalaxien, weil wir uns innerhalb des Systems befinden und dadurch nur bedingt einen Überblick erhalten können. So war nicht klar, ob die bei vielen Galaxien erkennbare Spiralstruktur in gleicher Form auch bei der Milchstraße auftritt.

Das Mittel der Wahl blieb die Spektroskopie der fernen Sternsysteme, weil sie Aufschluss über die Bewegung und Masse der Sterne lieferte. Doch die Aufnahme von Spektren gestaltete sich weiterhin mühsam. Insbesondere war es kaum möglich, die Geschwindigkeiten von Objekten in den lichtschwachen Außenbereichen der Scheiben zu bestimmen. Im Vergleich zu den hellen Zentralgebieten waren hier offenbar nicht mehr sehr viele Sterne zu erwarten. Man ging deshalb davon aus, dass die Sterne und Gaswolken in den äußeren Regionen das Zentralgebiet fast genau dem Kepler-Gesetz entsprechend umkreisten. Dann müssten die Geschwindigkeiten mit wachsendem Abstand vom Galaxienzentrum in einer Weise abnehmen, wie man es im Sonnensystem findet. Der gesamte Verlauf der Geschwindigkeiten vom Zentrum ausgehend bis hin zu den Außenbereichen wird Rotationskurve genannt.

In diese Phase der Stagnation kam ein Student namens Horace Babcock an das Lick-Observatorium in Berkeley, wo ihm für seine

Doktorarbeit ein neuer Spektrograf zur Verfügung stand. Mit diesem Gerät wollte er die Rotationskurve der Andromeda-Galaxie bis in große Entfernungen vom Zentrum messen. Das Ergebnis war überraschend: Statt des erwarteten Abfalls schienen die Geschwindigkeiten bis in die Außenbereiche eher zuzunehmen, allenfalls blieben sie unverändert hoch. Babcock schloss seine Arbeit, die er 1939 im *Lick Observatory Bulletin* veröffentlichte, mit den Worten: „Die nahezu konstante Winkelgeschwindigkeit in den Außenbereichen von M 31 ist das Gegenteil von der ‚Planetentyp-Rotation', wie man sie in den Außenbereichen unserer Galaxis erwartet."

Babcock vermutete jedoch, dass die wenigen Objekte, die er in den Außenbezirken noch hatte nachweisen können, möglicherweise in ihrer Bewegung von der Spiralstruktur und einer nicht weiter erklärten „internen Gravitationsviskosität" beeinflusst sein könnten. Überdies kam das spektroskopisch analysierte Licht nicht von Sternen, sondern von hellen Gasnebeln, deren Bewegung zum Beispiel durch Magnetfelder gestört sein konnte. Für die Massenbestimmung der Andromeda-Galaxie ignorierte Babcock die äußersten Bereiche und kam auch ohne sie auf den erheblichen Wert von 100 Milliarden Sonnen.

Babcock war damit auf die mögliche Existenz einer unsichtbaren Materie gestoßen, konnte sich aber zu dieser Hypothese nicht durchringen. Denn wenn die Geschwindigkeiten der Körper mit wachsendem Abstand vom Zentrum nicht abnehmen, sondern konstant bleiben, muss sich innerhalb der Umlaufbahnen dieser Körper unsichtbare Materie befinden, die eine erhebliche Schwerkraft ausübt. Mit anderen Worten: Die Galaxie dreht sich mit Blick auf die sichtbare Materie viel zu schnell. Man kann dies entfernt mit einem Kettenkarussell vergleichen, dessen Sessel so schnell herumsausen, dass die Ketten reißen. Aber die Spiralgalaxien hielten ganz offensichtlich zusammen, man sah jedenfalls keine einzige auseinanderfliegen.

Im gleichen Jahr stieß der niederländische Astronom Jan Hendrik Oort von der Sternwarte Leiden auf das gleiche Problem. Er hatte Spektren seines Kollegen Milton Humason ausgewertet, die dieser am Mount-Wilson-Observatorium von der Galaxie NGC 3115 aufgenommen hatte. Sie zählt zu den linsenförmigen Galaxien mit einem zentralen Bulge und einer ausgeprägten Scheibe, aber ohne Spiralarme. Auch in diesem Sternsystem schienen die Umlaufgeschwindigkeiten der Sterne mit wachsendem Abstand vom Zentrum nicht abzunehmen. Auf einem Symposium am McDonald-Observatorium in Texas sagte Oort: „Die Massenverteilung scheint fast keine Beziehung zu der des Lichts zu haben." Oort vermutete als Ursache sehr lichtschwache und damit nicht mehr erkennbare Zwergsterne oder große Mengen an interstellarer Materie. Dieses überraschende Ergebnis einer zu schnellen Rotation bestätigten zwei Jahre später zwei Astronomen bei der Andromeda-Galaxie.

Die Messdaten waren jedoch mit großen Fehlern behaftet, weshalb die meisten Astronomen den Ergebnissen misstrauten. Noch 1959 schloss der namhafte Kosmologe Gérard de Vaucouleurs im *Handbuch für Physik:* „In allen Fällen besteht die Rotationskurve aus einem geraden inneren Bereich [...], jenseits dessen die Rotationsgeschwindigkeit mit zunehmendem Abstand vom Zentrum abnimmt und zum dritten Keplerschen Gesetz tendiert." Also alles so, wie vermutet.

Ebenfalls im Jahr 1959 unternahmen Franz Kahn und Lodewijk Woltjer von der Universität Princeton einen originellen Versuch, die Massen der Milchstraße und der Andromeda-Galaxie zu bestimmen. Letztere ist die einzige große Galaxie, die sich nicht nach dem Hubble-Gesetz und der Expansion des Raums von uns entfernt, sondern auf uns zukommt. Die Schwerkraft musste also in diesem Fall die Expansion übertreffen. Aus der damals gemessenen Geschwindigkeit von 125 Kilometer pro Sekunde rechneten die Forscher aus, wie viel Masse die beiden Galaxien zusammen besitzen müssten, damit dies der Fall ist. Das Ergebnis von 1,2 Billionen Sonnenmassen übertraf die damaligen Schätzungen basierend auf der Gesamthelligkeit aller Sterne um das Sechsfache. Wo sich diese fehlende Materie befinden könnte, blieb rätselhaft.

In dieser Phase, in der die ersten Rotationskurven von Spiralgalaxien auf die Existenz einer unsichtbaren Substanz hindeuteten, betrat Vera Rubin die wissenschaftliche Bühne. Ihre Beobachtungen sollten den Durchbruch bringen. Rubin wurde 1928 in Philadelphia, Pennsylvania, geboren und zog im Alter von zehn Jahren mit ihrer Familie nach Washington. Schon als Kind entdeckte sie ihr Interesse an der Astronomie und baute sich ein Fernrohr. Fasziniert beobachtete sie den Sternenhimmel. „Wie kann man nur auf der Erde leben und diese Dinge nicht erforschen wollen?“, fragte sie später einmal rhetorisch. Am Vassar College im Staat New York nahm sie ihr Studium auf und schloss es 1948 als einzige Astronomie-Studentin ihrer Klasse ab. Noch im gleichen Jahr heiratete sie. Ihren Masterabschluss machte sie an der Cornell-Universität.

Als Frau und Mutter von drei Kindern hatte sie es nicht leicht in der Astronomie. Zunächst wollte sie in Princeton studieren, wurde aber abgelehnt, weil die Universität keine Frauen aufnahm. (Im Jahr 2005 verlieh diese Universität ihr die Ehrendoktorwürde). Später wollte sie mit dem Hale-Teleskop am Palomar-Observatorium in Kalifornien beobachten, wurde aber abgewiesen, weil die Einrichtung bis in die 1960er-Jahre hinein ebenfalls keine Frauen zuließ. Schließlich gelang es ihr dennoch, als erste Frau dort zu beobachten (zuvor hatte nur Margaret Burbidge diesen Zugang bekommen, indem sie ihren Mann als Strohmann vorgeschickt hatte). All das schreckte sie nicht. Mit ihrer Familie zog sie nach Washington, wo sie 1954 an der Georgetown University über Galaxienhaufen promovierte.

Vera Rubin hat sich als Frau in einer damaligen Männerdomäne durchgeboxt. Neben vielen anderen Auszeichnungen erhielt sie 1996

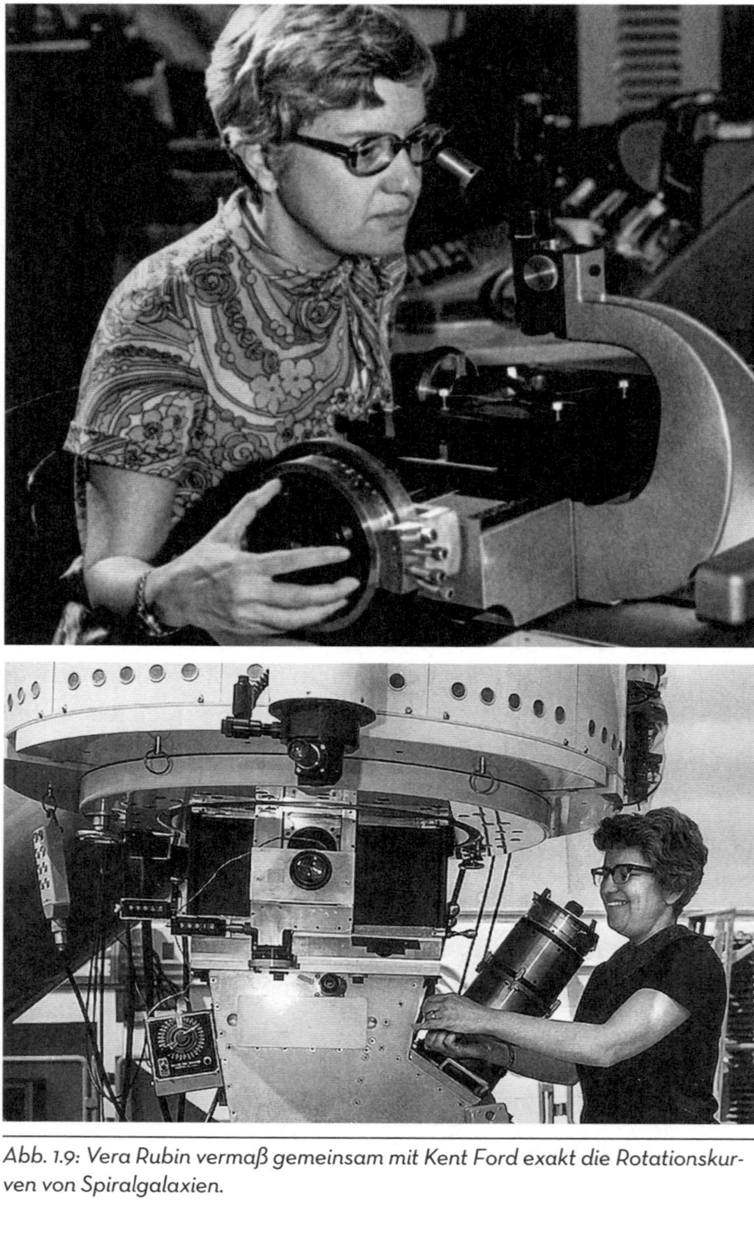

Abb. 1.9: Vera Rubin vermaß gemeinsam mit Kent Ford exakt die Rotationskurven von Spiralgalaxien.

die Goldmedaille der Royal Astronomical Society – als erste Frau nach Caroline Herschel im Jahr 1828. Bis zu ihrem Lebensende im Jahr 2016 setzte sie sich für ihre Kolleginnen in der Forschung ein. Wenn bei einer Tagung zu wenige Frauen als Rednerinnen aufgelistet waren, verlangte sie von den Organisatoren, weitere einzuladen und sagte: „Weltweit steckt die Hälfte aller Gehirne in Frauen." Und als sie 2002 die höchste Auszeichnung für Arbeiten in der Kosmologie – den Gruber-Preis – erhielt, lobte man neben ihren Forschungserfolgen ausdrücklich ihre Vorbildfunktion für Frauen in der Wissenschaft.

In Georgetown hatte Rubin Vorlesungen über die innere Dynamik von Galaxien gehört und war von dem Thema so fasziniert, dass es sie ihr Leben lang nicht mehr losließ. Zunächst aber beobachtete sie nicht ferne Galaxien, sondern unsere eigene Milchstraße. Es war mittlerweile bekannt, dass die Milchstraße der Andromeda-Galaxie M 31 ähnelt. Auf der einen Seite waren die großräumige Struktur und die Bewegung der Sterne in unserer Heimatgalaxie schwerer zu beobachten als in M 31. Auf der anderen Seite ist M 31 aber sehr weit entfernt, weshalb sich Einzelsterne kaum erkennen lassen, während dies in der Milchstraße gut möglich ist. Daher fertigte Rubin mit einem Diplomanden eine Studie über die Geschwindigkeiten von etwa 1000 Sternen an, die sich jenseits der Sonnenbahn um das galaktische Zentrum bewegen. Sie wählte besonders helle Objekte aus, da sich diese bis in große Entfernungen beobachten lassen und damit die Rotationskurve auch in den Außenbezirken der Galaxis zugänglich wurde.

1965 kam sie zu der Erkenntnis: Die beobachteten Sterne kreisen bis in 45.000 Lichtjahren Entfernung vom Zentrum mit konstanter Geschwindigkeit. Die Rotationskurve ist flach und nimmt nicht ab, wie man es für Kepler-Bahnen erwartet. Eine bemerkenswerte Feststellung, mit der sie die vagen Ergebnisse von Babcock, Humason und

Oort bestätigte. Jedoch nahm sie niemand zur Kenntnis. Spekulationen über die möglichen Ursachen dieses überraschenden Befunds, der im Grunde sehr gut zu den bisherigen Beobachtungen der Andromeda-Galaxie passten, machte Rubin nicht.

DER ERSTE VERDACHT AUF „DUNKLE MATERIE“

Tatsächlich waren schon Jahrzehnte zuvor erste Spekulationen über die Existenz von Dunkler Materie in der Milchstraße aufgetaucht. Der Urheber dieser Idee war Jacobus Kapteyn von der Universität Groningen. Er hatte es sich zur Aufgabe gemacht, die Struktur der Milchstraße zu untersuchen. Im Grunde setzte er Herschels akribische Arbeit fort, jedoch mit wesentlich genaueren Daten. Dabei griff er auf große fotografische Himmelsdurchmusterungen zurück, denen er die Himmelspositionen, Farben und Helligkeiten der Sterne entnahm. Diese Daten kombinierte er mit ihren Entfernungen und Bewegungen. Für dieses Vorhaben benötigte er mehr als zwei Jahrzehnte.

Auf der Grundlage seiner Ergebnisse schlug er ein Modell unserer Galaxis vor, das heute als Kapteyn-Universum bekannt ist. Demnach war das Sonnensystem nahezu zentral eingebettet in eine dichte, fast ellipsenförmige Konzentration von Sternen, die sich einige tausend Lichtjahre vom Zentrum entfernt schnell ausdünnt. Schließlich entwickelte Kapteyn ein dynamisches Modell der Milchstraße, in dem er sowohl die beobachtete Dichteverteilung als auch die Bewegungen durch Gravitationskräfte zu erklären suchte. Hierbei stieß er auf fehlende Materie. In der in seinem Todesjahr 1922 erschienenen Veröffentlichung schrieb er: „Es wird übrigens vorgeschlagen, dass, wenn die Theorie perfektioniert wird, es möglich sein könnte, die Menge der dunklen Materie aus ihrer Gravitationswirkung zu bestimmen.“

Kapteyn hat damit wohl als Erster den Begriff „Dunkle Materie“ im Zusammenhang mit der Milchstraße verwendet. Allerdings muss man einschränkend sagen, dass sein Modell der Milchstraße noch weit von der Realität entfernt war. So kam er auf eine viel zu kleine Ausdehnung und vermutete unser Sonnensystem etwa im Mittelpunkt. Das lag zum großen Teil daran, dass Kapteyn wie schon Herschel die Lichtabsorption durch interstellare Materie nicht kannte. Außerdem basierte sein Modell auf einigen Voraussetzungen, die nicht unbedingt stimmen mussten. Und nicht zuletzt war 1922 noch nicht einmal die Welteninsel-Debatte geklärt. Dennoch wird Kapteyn weithin als derjenige genannt, der den Begriff „Dunkle Materie“ eingeführt hat. Den ersten wirklich eindeutigen Hinweis auf die Existenz Dunkler Materie, wie wir sie heute auffassen, lieferte indes 1933 ein anderer Astronom: Fritz Zwicky. Über ihn erfahren wir mehr im nächsten Kapitel. Kehren wir für den Moment zu Vera Rubin zurück.

Nach ihrer Zeit als Professorin in Georgetown ging Rubin 1965 an die Carnegie Institution in Washington. Dort lernte sie Kent Ford kennen – ein Glücksfall für sie und die Geschichte der Dunkle-Materie-Forschung. Der nur drei Jahre jüngere Ford hatte 1957 promoviert und war ein begnadeter Techniker und Tüftler. Bis dahin wurde das Licht der Kameras und Spektrografen auf Fotoplatten gelenkt, die aber recht unempfindlich waren und Belichtungszeiten von vielen Dutzend Stunden erforderten. Ford hingegen experimentierte mit elektronischen Bildverstärkern. Diese sollten es ermöglichen, lichtschwache Himmelskörper in kürzerer Zeit abzulichten oder zu spektroskopieren. Ford hatte sein Instrument nicht speziell für diesen Zweck oder gar für Rubin gebaut. Bis dahin fühlte er sich nicht einmal als Astronom, sondern als Physiker. In einem Interview erzählte er viel später, dass erst die Begegnung mit Vera Rubin ihn zu dem Entschluss brachte, Astronom zu werden. Damit war das Dreamteam der Dunkle-Materie-Forschung aus der Taufe gehoben.

Nach kurzer Zeit wendeten sich die beiden der Rotation von Spiralgalaxien zu, wobei am Anfang wieder einmal die Andromeda-Galaxie stand. Für zwei Beobachtungskampagnen im Herbst 1967/68 nutzten sie ihren Spektrografen am Zwei-Meter-Teleskop des Lowell-Observatoriums. Um die Rotationskurve über einen möglichst weiten Bereich der Galaxie zu ermitteln, fertigten sie insgesamt 123 Spektren mit Belichtungszeiten von jeweils 60 bis 90 Minuten an. Das waren schon wesentlich kürzere Zeiten als zuvor. Dennoch fällt die Sterndichte mit wachsendem Abstand vom Zentrum so schnell ab, dass Rubin und Ford vorwiegend helle Gasnebel, sogenannte HII-Regionen, spektroskopierten. Diese bestehen hauptsächlich aus ionisiertem Wasserstoff und senden Licht bei speziellen Wellenlängen aus. Damit eignen sie sich sehr gut für die Geschwindigkeitsmessung über die Doppler-Verschiebung. Nach jeder Belichtung „nahmen wir die Platte mit in die Dunkelkammer und entwickelten sie, so konnten wir die Emissionslinien H-Alpha [von Wasserstoff] und Stickstofflinien sehen. Das war ein sehr großer Nervenkitzel. Es war wirklich wunderbar, denn wir wussten, dass das Programm machbar war", erinnerte sich Ford später.

Das Ergebnis ihrer Beobachtungen der Andromeda-Galaxie veröffentlichten Rubin und Ford 1970 mit einem eindeutigen Ergebnis: Im zentralen Bulge stieg die Umlaufgeschwindigkeit stark an und blieb in einem Bereich zwischen 10.000 und 60.000 Lichtjahren Abstand vom Zentrum konstant bei einem Wert von etwa 250 Kilometer pro Sekunde: von einer Kepler-Kurve keine Spur (Abbildung 1.10).

Von diesem Erfolg angespornt, untersuchten sie weitere Spiralgalaxien. Das Projekt dauerte Jahre und beinhaltete Fahrten zu unterschiedlichen Observatorien, zu denen sie Fords Wunderspektrografen immer mitnahmen und ans jeweilige Teleskop montierten. Ford erinnerte sich später an solche „fliegenden Wechsel", beispielsweise wie er nach Flagstaff, Arizona, reiste, den Spektrografen aus dem Schrank

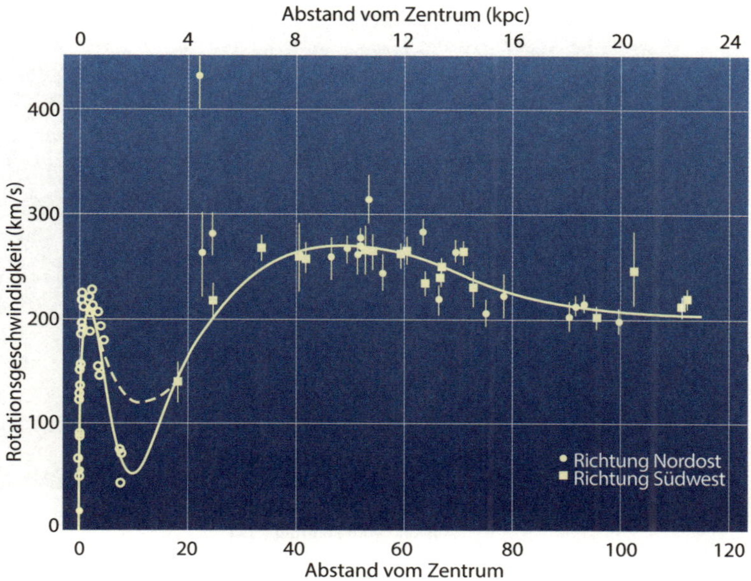

Abb. 1.10: Die 1970 von Vera Rubin und Kent Ford gemessene Rotationskurve der Andromeda-Galaxie

holte, ein paar Nächte am Lowell-Observatorium arbeitete und dann das Instrument in einen Pick-up legte, um damit weiter zum Kitt-Peak-Observatorium zu fahren.

In dieser frühen Phase bekamen Rubin und Ford Unterstützung aus dem noch relativ neuen Gebiet der Radioastronomie. Das damals größte Radioteleskop war das 90-Meter-Teleskop von Green Bank in West Virginia. Mit diesem Instrument wollten Morton Roberts und Robert Whitehurst die überraschenden Ergebnisse in der Andromeda-Galaxie überprüfen. Möglich wurde dies, weil Wasserstoff bei einer nun messbaren Wellenlänge von 21 Zentimetern Radiowellen ausstrahlt und sich damit für die Messung des Doppler-Effekts eignet. Tatsächlich ließ sich Wasserstoff noch in weit größere Entfernungen vom Zentrum nachweisen, als es Rubin und Ford gelungen war. Und

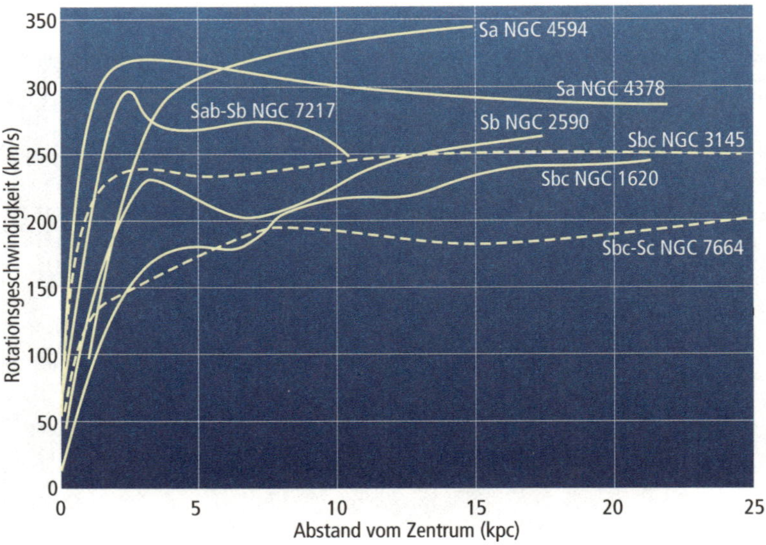

Abb. 1.11: Von Rubin und Ford gemessene Rotationskurven von Galaxien

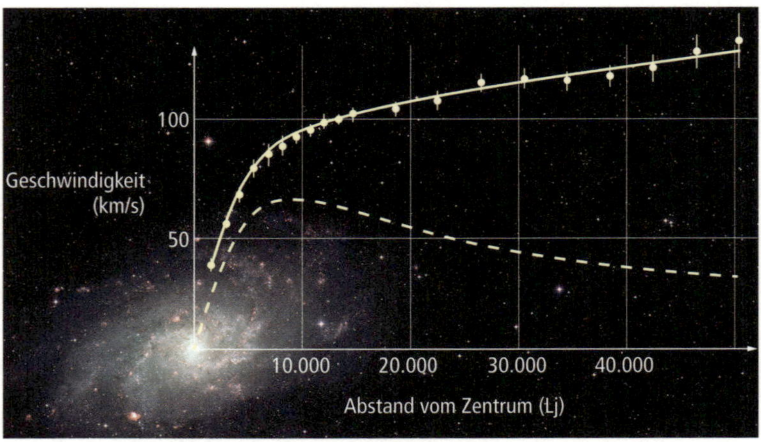

Abb. 1.12: Diese Grafik veranschaulicht, welche Art von Rotationskurve man bei Spiralgalaxien aufgrund der Verteilung der Sterne erwarten würde (gestrichelt), und zeigt im Vergleich dazu Messdaten der Galaxie Messier 33.

die Radiodaten bestätigten nicht nur ihre Ergebnisse, sondern zeigten deutlich, dass die Umlaufgeschwindigkeit des Gases bis in eine Entfernung von 163.000 Lichtjahren vom Zentrum konstant blieb. Das war äußerst verblüffend, weil in diesen Außenbezirken überhaupt keine Sterne mehr erkennbar waren, die die nötige Schwerkraft für diese schnelle Rotation hätten hervorrufen können.

Als Roberts 1971 Vera Rubin besuchte und ihr die Daten zeigte, war sie sehr beeindruckt. Die anderen Kollegen zeigten sich auf Tagungen indes eher reserviert. Vielleicht war diese Skepsis der Grund dafür, dass Roberts und Whitehurst die Radiodaten erst 1975 veröffentlichten und auch über die Ursache der schnellen Rotation spekulierten. Sie vermuteten große Mengen an roten Zwergsternen. Diese sind sehr leuchtschwach und in der Sonnenumgebung der häufigste Sterntyp. In der fernen Andromeda-Galaxie aber wären sie nicht mehr erkennbar gewesen. Allerdings blieb die Frage unbeantwortet, warum sich dort ausschließlich sehr lichtschwache Zwergsterne aufhalten sollten und keine helleren, die man hätte sehen können. Die Angelegenheit blieb mysteriös.

Rubin und Ford setzten ihre Beobachtungen von Galaxien derweil unbeirrt fort, stets mit dem gleichen Ergebnis: Die Rotationskurven stiegen vom Zentrum nach außen hin rasch an und blieben dann konstant auf einem hohen Niveau (Abbildung 1.11). Das Problem drängte auf eine Lösung – und die kam von theoretischen Physikern.

GALAXIEN SCHWEBEN IN DUNKLEN HALOS

Seit dem Ende des Zweiten Weltkriegs hatte die Entwicklung des Computers große Fortschritte gemacht. Auch die Wissenschaften profitierten zunehmend von digitalen Rechnungen. Am Langley Research Center nutzte Frank Hohl 1970 den neuesten Computer, um die Dynamik von Spiralgalaxien zu untersuchen. Hierfür simulierte er die Sternsysteme mit theoretischen Masseteilchen, die unter dem Einfluss der Schwerkraft rotierten, wie man es von damaligen Beobachtungen her kannte. Dabei stieß er auf ein merkwürdiges Problem: Eine anfangs spiralförmige Galaxienscheibe wurde schon nach wenigen Umdrehungen instabil. Die Sterne brachen zunehmend aus ihren Kreisbahnen aus, und es entwickelte sich eine balkenartige Struktur, die ursprüngliche charakteristische Form ging verloren. In der Natur mussten die Galaxien auf irgendeine Weise vor diesem Zerfall geschützt sein, denn ihre Häufigkeit im Universum war ein Beleg für die Langlebigkeit der Spiralform – unsere Milchstraße mit einbezogen.

Zwei Jahre später kamen James Peebles und Jeremiah Ostriker von der Princeton University sowie Jaan Einasto vom Observatorium Tartu auf die Idee, wie sich die beiden Probleme der Instabilität und der fehlenden Materie auf einen Schlag lösen ließen: Die Galaxien mussten von einer riesigen Wolke aus unsichtbarer Dunkler Materie umgeben sein. Peebles und Ostriker sprachen von einem „Halo", während Einasto den Begriff „Korona" einführte. Halo hat sich bis heute durchgesetzt.

In ihrer ersten Arbeit Ende 1973 studierten Peebles und Ostriker, wie sich die bekannte Instabilität verhält, wenn man annimmt, dass die Galaxien von einem solchen Halo umgeben sind. Sie fanden heraus, dass dieser tatsächlich die zentralen Scheiben der Spiralgalaxien stabilisiert, wenn er mindestens zweieinhalbmal mehr Materie enthält als die Galaxie. Einasto kam auf anderem Wege sogar zu der Aussage, dass die Gesamtmasse von Galaxien und Halo zusammen etwa zehnmal größer sein müsse als die Masse der sichtbaren Sterne und Gaswolken.

Im folgenden Jahr veröffentlichten Peebles und Ostriker zusammen mit ihrem Kollegen Amos Yahil eine weitere Arbeit, in der sie die

Menge an Dunkler Materie aus bekannten astronomischen Beobachtungen berechneten. In den meisten Fällen wie der Milchstraße oder der Andromeda-Galaxie kamen sie auf enorme Werte von fast einer Billion Sonnenmassen. Man hatte also offensichtlich die Massen gewöhnlicher Galaxien um einen Faktor zehn oder mehr unterschätzt.

Seit Mitte der 1960er-Jahre hatte die Kosmologie generell enorm an Aufmerksamkeit gewonnen: Zwischen 1965 und 1975 hatte sich die Zahl der Veröffentlichungen verzehnfacht. Hierzu trugen vor allem die Entdeckung der Quasare 1963 und der kosmischen Hintergrundstrahlung ein Jahr später entscheidend bei. Der bekannte amerikanische Astronom Allan Sandage sagte damals einmal, die Kosmologie sei eine Jagd nach zwei Zahlen: der Hubble-Konstanten und dem Beschleunigungsparameter. Die erste kennzeichnet die heutige Ausdehnungsrate, die zweite die Beschleunigung oder Abbremsung des expandierenden Universums.

Der Beschleunigungsparameter ließ sich nicht messen, er hängt jedoch direkt mit der durchschnittlichen Materiedichte zusammen. Diese bestimmt die Krümmung des Universums und damit auch dessen zeitliche Entwicklung, mehr dazu in Kapitel 4. Hier sei nur gesagt, dass es eine kritische Dichte gibt. Ist diese erreicht, so ist das Universum flach und unendlich ausgedehnt. Liegt die Dichte darüber, ist der Raum wie die Oberfläche einer Kugel in sich geschlossen, liegt sie darunter, ist das Universum negativ gekrümmt und ebenfalls unendlich ausgedehnt. Albert Einstein hatte lange Zeit für ein geschlossenes All plädiert. In den 1970er-Jahren tendierten nach wie vor einige Kosmologen zu diesem Universum – allerdings aus rein philosophischen Gründen, denn belastbare Zahlen über die mittlere Materiedichte im Universum gab es nicht.

Peebles und Ostriker erkannten nun, dass sie mit ihren neuen Massebestimmungen diese unbekannte Materiedichte berechnen konnten. Dafür multiplizierten sie einfach die beobachtete Anzahl-

Abb. 1.13: Die Rotation der Galaxie SPT0418-47 farblich dargestellt: Der rote Teil dreht sich von uns weg, der blaue kommt auf uns zu. Die Galaxie ist sehr weit von uns entfernt, wir sehen sie in ihrem Frühstadium 1,4 Milliarden Jahre nach dem Urknall.

dichte von Galaxien mit der typischen Masse pro Galaxie – inklusive unsichtbarer Halomaterie. Sie erhielten einen Wert von rund 20 Prozent der kritischen Dichte. Damit war nicht genügend Materie vorhanden, um den Raum in sich zurückzukrümmen; das Universum war also unendlich ausgedehnt. Die beiden Forscher stuften das Ergebnis als „interessanten Beitrag" zu dieser Diskussion ein, sahen es jedoch nicht als endgültige Antwort. In der Tat waren noch viele Fragen offen, zum Beispiel über die Natur der Dunklen Materie. Lichtschwache und damit unsichtbare Sterne blieben nach wie vor die wahrscheinlichste Erklärung.

Die technische Entwicklung der Teleskope, Kameras und Spektrografen hat dazu geführt, dass heute Rotationskurven von Galaxien in viel kürzerer Zeit ermittelt werden können. In jüngster Vergangenheit gelang sogar die Beobachtung einer großen Spiralgalaxie, die sich nach kosmologischen Maßstäben bereits kurze Zeit nach dem Urknall gebildet hat. Mit dem Atacama Large Millimeter/submillimeter Array (ALMA) in den chilenischen Anden entdeckten Astronomen Ende 2020 eine extrem weit entfernte Galaxie, die unserer Milchstraße überraschend ähnlich sieht. Das Sternsystem mit der Bezeichnung SPT0418-47 ist so weit weg, dass sein Licht mehr als zwölf Milliarden

Jahre gebraucht hat, um uns zu erreichen. Trotz dieser immensen Entfernung ließ sich sogar seine Rotationskurve ermitteln (Abbildung 1.13). Auch sie zeigt den bekannten Verlauf, aus dem sich berechnen lässt, dass die Sterne zwölf Milliarden und die Dunkle Materie 1,7 Billionen Sonnenmassen ausmachen. Dieses junge System besitzt also über 100-mal mehr Dunkle Materie als Sterne.

Die Rotationskurven von Spiralgalaxien sind ein deutlicher Hinweis auf Dunkle Materie, die sich ausschließlich durch ihre Schwerkraft äußert. Schnell tauchte die Frage auf, ob auch elliptische Galaxien von dunklen Halos umgeben sind. Dies herauszufinden, ist jedoch wesentlich schwieriger. Der Grund ist die unterschiedliche Dynamik dieser beiden Sternsystemtypen. In Spiralgalaxien bewegen sich die Sterne auf geordneten Bahnen in einer Richtung um das Zentrum, in elliptischen Galaxien sind die Bahnen hingegen ungeordnet. Man kann sie sich vorstellen wie die Fäden in einem aufgewickelten Wollknäuel. Rotationskurven sind hierfür nur sehr schwer zu ermitteln und bedürfen ausgefeilter Modellannahmen. Erst in den letzten zehn bis 20 Jahren ist dies einigermaßen gelungen mit dem Ergebnis: Auch die elliptischen Galaxien sind von Dunkle-Materie-Halos umgeben. Darüber hinaus haben Astrophysiker ein weiteres Werkzeug entdeckt, um die Gesamtmasse dieser Sternsysteme zu messen: den Gravitationslinseneffekt. Wie dieser funktioniert, erfahren Sie in Kapitel 2.

In jüngster Vergangenheit gelang es auch zunehmend, Entfernungen und Geschwindigkeiten von Sternen in der Milchstraße exakt zu vermessen. Den bislang größten Fortschritt erbrachte das 2013 gestartete europäische Weltraumteleskop Gaia. Es erfasst Positionen, Bewegungen, Helligkeiten und Farben von mehr als einer Milliarde Sternen in unserer Milchstraße – ein kosmischer Zensus nie gekannter Mächtigkeit und Präzision. Gaia ist gewissermaßen der perfektionierte und automatisierte Herschel. Es vermisst im Band der Milch-

Abb. 1.14: Das europäische Astrometrie-Weltraumteleskop Gaia

straße in jeder Minute etwa so viele Himmelskörper wie Herschel in drei Jahren – und das mit einer unvergleichlichen Genauigkeit. Mit Gaia ließe sich die Bewegung eines Käfers auf dem Mond über eine Distanz von wenigen Zentimetern erfassen.

Das Weltraumteleskop rotiert langsam um seine eigene Achse und bildet den jeweils im Blickfeld befindlichen Teil des Himmels auf die bis dahin größte jemals gebaute Digitalkamera ab. Diese besteht aus 106 CCD-Chips mit insgesamt einer Milliarde Pixel und besitzt die Ausmaße von einem halben mal einen Meter. Am Ende der Mission wird jeder Himmelskörper mehr als hundertmal vermessen worden sein. Die Messdaten werden im Laufe der Zeit immer genauer und deswegen im Abstand weniger Jahre immer wieder aktualisiert und erweitert in einem Katalog veröffentlicht.

Der erste Teil des dritten Katalogs vom Dezember 2020 enthält Daten von 1,8 Milliarden Objekten, mit denen sich die Rotations-

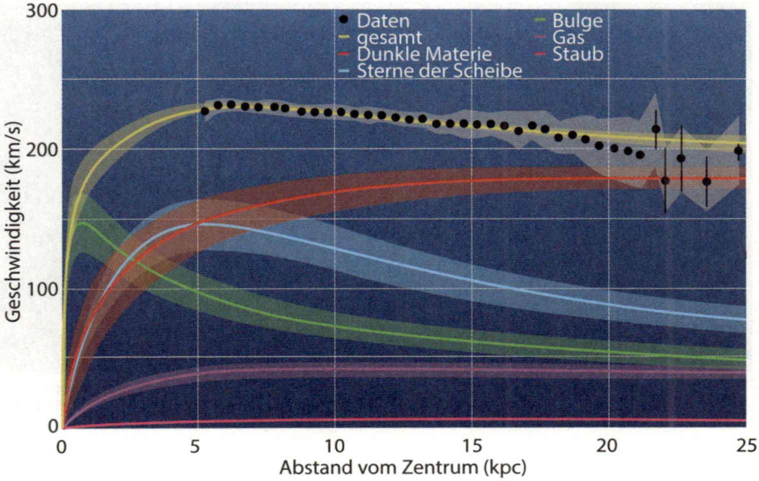

Abb. 1.15: Die gemessene Rotationskurve der Milchstraße (obere braune Kurve) und deren Anteile (rot: Dunkle Materie)

kurve der Milchstraße sehr genau ermitteln lässt. Heute ist man sicher, dass die Geschwindigkeit der Sterne vom Zentrum nach außen zunächst stetig ansteigt und in einem Abstand von etwa 15.000 Lichtjahren einen Höchstwert von 230 Kilometer pro Sekunde erreicht. Von da an bleiben die Geschwindigkeiten fast konstant und sinken nur leicht bis auf 200 Kilometer pro Sekunde ab (Abbildung 1.15). Auf keinen Fall ist jedoch eine steil abfallende Kepler-Kurve beobachtbar. Bestätigt wird dieses Bild durch Beobachtungen an etwa 3500 Delta-Cephei-Sternen. Wir erinnern uns: Von Mitgliedern dieses Sterntyps lassen sich die Entfernungen besonders gut messen.

Diese und viele andere Untersuchungen kommen zu dem Schluss, dass alle Sterne zusammen 50 bis 70 Milliarden Sonnenmassen ausmachen. Die vorwiegend im Halo befindliche Dunkle Materie (Abbildung 1.16) beträgt aber knapp eine Billion Sonnenmassen, also 15- bis 20-mal so viel. Die Ausdehnung der Scheibe ist nach wie vor

Abb. 1.16: Illustration des Dunkle-Materie-Halos der Milchstraße

nicht ganz klar. Der Radius beträgt aber mindestens 100.000 Lichtjahre, wobei unser Sonnensystem 27.000 Lichtjahre vom Zentrum entfernt alle 240 Millionen Jahre einen Umlauf vollzieht.

Die genauen Messwerte von den Sternen in unserer Milchstraße haben noch einen weiteren interessanten Fortschritt gebracht. Die beobachtete Rotationskurve ermöglicht es, ein räumliches Computermodell des Dunkle-Materie-Halos zu berechnen. In der einfachsten Form besitzt er nahezu Kugelform und dürfte einen Radius von fast einer Million Lichtjahren aufweisen. Damit könnte er bis zum Halo der Andromeda-Galaxie reichen (Abbildung 1.17). Die Dichte nimmt vom Zentrum nach außen etwa quadratisch ab. Mit diesem Modell lässt sich auch die Dichte der Dunklen Materie im Sonnensystem berechnen. Demnach entspricht sie etwa einem Wasserstoffatom in einem Würfel mit 1,5 Zentimeter Kantenlänge. Dieser Wert ist ausschlaggebend für alle Experimente, mit denen Forscher in irdischen Laboren Dunkle-Materie-Teilchen direkt nachweisen wollen (Kapitel 6).

Übertragen wir dies gedanklich auf unser Planetensystem, bedeutet das Folgendes: Der äußerste Planet Neptun ist etwa 30 Astronomische Einheiten (oder Erdbahnradien) von der Sonne entfernt. Denkt

Abb. 1.17: So groß würde der Dunkle-Materie-Halo der Andromeda-Galaxie am Himmel erscheinen, wenn er sichtbar wäre.

man sich unser Planetensystem in einer Kugel mit diesem Radius, so würde die Dunkle Materie in diesem Volumen eine Masse beitragen, die einem Gesteinsbrocken mit drei Kilometern Durchmesser entspricht. Innerhalb der Scheibe der Milchstraße ist ihr Beitrag also klein, die überwiegende Masse befindet sich im weit ausgedehnten Halo.

MACHOS SIND ES NICHT

Ab Mitte der 1970er-Jahre setzte sich die Hypothese der Dunkle-Materie-Halos langsam durch. Zum einen waren diese offenbar nötig, um die Spiralform der Galaxien zu stabilisieren, zum anderen erklärten sie deren hohe Umdrehungsgeschwindigkeiten. Bis dahin galten lichtschwache Zwergsterne als Kandidaten für die Dunkle Materie, jedoch wurden auch andere Möglichkeiten diskutiert:

- kühle Objekte von Planetengröße
- Braune Zwerge: Objekte (schwerer als Planeten) mit Massen zwischen einer tausendstel und acht hundertstel Sonnenmassen, die

millionen- bis milliardenmal lichtschwächer sind als die Sonne

› Weiße Zwerge: ausgebrannte Sterne mit rund einer Sonnenmasse, die bis auf die Größe der Erde geschrumpft und hundert- bis zehntausendmal lichtschwächer als die Sonne sind
› Neutronensterne: Endstadien massereicher Sterne, deren Zentralbereiche von etwa 1,2 bis zwei Sonnenmassen bis auf 20 Kilometer zusammengebrochen sind und die als pulsierende Radioquellen (sogenannte Pulsare) in Erscheinung treten können
› Schwarze Löcher: Endstadien massereicher Sterne, deren Zentralbereiche von mehr als etwa zwei Sonnenmassen kollabiert sind

Aber wie sollte man diese unsichtbaren Gesellen aufspüren? Im Jahr 1986 kam der polnische Astronom Bohdan Paczynski auf eine geniale Idee. Sein Nachweisprinzip beruht auf einem Effekt der Allgemeinen Relativitätstheorie, genauer der Ablenkung eines Lichtstrahls im Gravitationsfeld eines Himmelskörpers. Im Jahr 1919 wurde dieser Effekt erstmals bei der Sonne gefunden, was für die damals noch junge Allgemeine Relativitätstheorie den Durchbruch bedeutete. Bereits 1916 hatte sich Einstein auch mit der Ablenkung eines Lichtstrahls im Gravitationsfeld des Planeten Jupiter befasst. Der Wert von zwei hundertstel Bogensekunden war jedoch so klein, dass er damals weit außerhalb der Nachweismöglichkeiten lag. Einstein verfolgte dieses Phänomen daher zunächst nicht weiter.

1936 bekam er jedoch Besuch von einem tschechischen Elektroingenieur namens Rudi Mandl, der ihn drängte, sich der Sache erneut anzunehmen. Einstein untersuchte nun die Frage, was passiert, wenn zwei Sterne von der Erde aus gesehen hintereinanderstehen. Er fand für dieses Problem verschiedene Lösungen. Im seltenen Fall, dass beide Körper exakt auf einer Linie liegen, sollte das Licht im Gravitationsfeld so abgelenkt werden, dass der hintere Stern ringförmig erscheint. Später nannte man dieses Phänomen Einstein-Ring. Stehen die beiden Sterne leicht versetzt hintereinander, so sollte der hintere Stern als Doppel- oder Mehrfachbild auftreten. Einstein war überzeugt davon, dass es sich um nichts weiter als eine akademische Spielerei handele. „Selbstverständlich gibt es keine Hoffnung, dieses Phänomen direkt zu beobachten", schrieb er in seiner Veröffentlichung. Wegen der geringen Aufspaltung der Bilder beziehungsweise des Einstein-Rings im Bereich von Mikrobogensekunden spricht man vom Mikrogravitationslinseneffekt.

Tatsächlich lässt sich die Aufspaltung der Bilder oder des Rings selbst mit einem großen Teleskop nicht erkennen. Stattdessen misst man etwas anderes: Die Helligkeit des hinteren Sterns steigt beim Vorbeiziehen des Vordergrundsterns aufgrund der Mehrfachbilder an und fällt anschließend wieder ab. Diesen Effekt wollte Bohdan Paczynski für die Suche nach dunklen Körpern nutzen. Im Jahr 1986 schrieb er im *Astrophysical Journal:* „Sollte die Dunkle Materie [im Halo der Milchstraße] aus massereichen Objekten bestehen, so sollten diese einen Gravitationslinseneffekt hervorrufen." Bemerkbar machen sollte sich ein solches Ereignis, indem – wie oben beschrieben – die Helligkeit des „gelinsten" Sterns ansteigt, während die unsichtbare Linse vor ihm vorbeizieht, um danach langsam wieder zum ursprünglichen Wert abzufallen.

Aufgrund statistischer Überlegungen schätzte Paczynski ab, wie häufig ein solches Mikrogravitationslinsenereignis auftreten und auf welchen Zeitskalen es sich abspielen könnte. Wenn man eine große Zahl von Sternen in einer der Magellanschen Wolken oder in der Andromeda-Galaxie überwachen würde, müsste zu jedem Zeitpunkt der Beobachtung etwa einer von einer Million Sternen durch ein Linsenereignis gerade seine Helligkeit verändern. Die Dauer der Lichtverstärkung hängt von der Geschwindigkeit ab, mit der das dunkle Objekt von der Erde aus gesehen vor dem Hintergrundstern vorbeizieht und von seiner Masse. Je schwerer es ist, desto länger dauert das Ereignis. Bei einer angenommenen Geschwindigkeit von 200 Kilometer pro Sekunde, wie sie im Halo typisch sein sollte, würde ein Objekt mit 100 Sonnenmassen ungefähr zwei Jahre lang das Licht verstärken, bei einem Körper mit der Masse der Erde wäre das Ereignis schon nach drei Stunden vorüber. Zieht ein Körper von der Größe eines kleinen Planeten vor einem Stern in der Großen Magellanschen Wolke vorbei, so dauert die Lichtverstärkung gerade einmal wenige Minuten.

Nach Paczynskis Schätzung musste man die Helligkeiten von einigen Millionen Sternen über einen Zeitraum von mehreren Jahren Nacht für Nacht messen. Dies ließ sich nur mit einem automatisierten Suchprogramm realisieren. Etwa vier Jahre nach Paczynskis Aufruf war die Technik hierzu auf dem nötigen Stand. Fast gleichzeitig begannen ab etwa 1990 drei Gruppen mit der Suche nach den MACHOs – den Massive Astrophysical Compact Halo Objects.

Eine französische Gruppe vom Centre d'Études de Saclay, in Gif-sur-Yvette bei Paris, gab sich den schönen Namen EROS (Expérience pour la Recherche d'Objets Sombres). Sie setzte einen 40-Zentimeter-Reflektor sowie ein Schmidt-Teleskop mit einem 1-Meter-Spiegel der Europäischen Südsternwarte ESO ein. Eine amerikanisch-australische Gruppe vom Lawrence Livermore National Laboratory nutzte für ihr Projekt MACHO ein altes 1,27-Meter-Teleskop des Mount-Stromlo-Observatoriums in Australien. Die dritte Gruppe OGLE (Optical Gravitational Lensing Experiment) gründete Bohdan Paczynski selbst. Zusammen mit Mitarbeitern aus Polen und den USA hatte er ein 1-Meter-Teleskop des in den chilenischen Anden gelegenen Las-Campanas-Observatoriums zur Verfügung gestellt bekommen.

Als Detektoren dienten Charge-Coupled Devices (CCDs). Diese lichtelektrischen Detektoren, wie sie heute in digitalen Kameras und Smartphones arbeiten, hatten seit Mitte der 1980er-Jahre die Astronomie erobert. Das Licht wird darin in elektrische Ladungen umge-

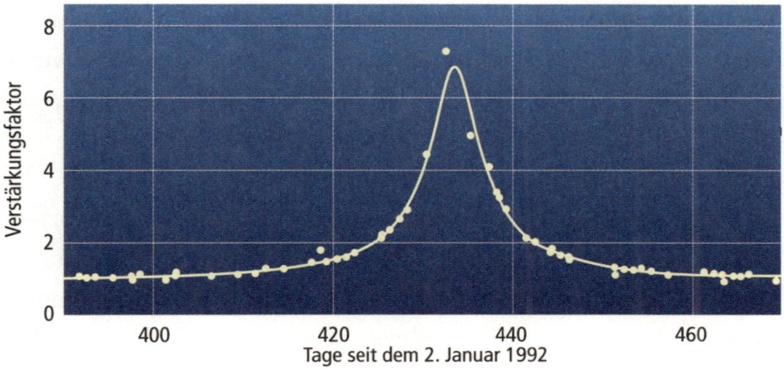

Abb. 1.18: Die von einem MACHO durch den Mikrogravitationslinseneffekt erzeugte Lichtkurve eines Sterns

setzt. Nach der Belichtung wird diese Ladung elektronisch ausgelesen und anschließend von einem Computer zu einem Bild zusammengesetzt. CCDs zeichnen sich durch eine hohe Empfindlichkeit aus. Darüber hinaus liegen die Daten sofort in digitaler Form im Computer vor und lassen sich sehr schnell weiterverarbeiten und analysieren.

In der ersten Phase des Beobachtungsprogramms sortierten die Astronomen anhand einer Reihe von Kriterien alle Sterne aus, die von sich aus veränderlich sind. Für das automatische Aufspüren einer Helligkeitsänderung durch ein Mikrolinsenereignis musste ein sehr ausgeklügeltes Computerprogramm entwickelt werden, das unterschiedliche Wetterbedingungen, Messfehler und anderes berücksichtigte. Zum Beispiel muss die Helligkeitsänderung in allen Wellenlängenbereichen mit gleicher Amplitude erfolgen. Dies ließ sich durch Aufnahmen mit verschiedenen Farbfiltern prüfen. Außerdem darf sich das Ereignis aus Wahrscheinlichkeitsgründen bei ein und demselben Stern nicht wiederholen.

Am 14. Oktober 1993 schließlich sorgten die EROS- und MACHO-Kollaborationen für eine Sensation: In der Zeitschrift *Nature* verkündeten sie unabhängig voneinander die Entdeckung von zwei beziehungsweise einem Mikrolinsenereignis (Abbildung 1.18). Nur wenige Tage später meldete auch die OGLE-Gruppe einen Nachweis. War damit das Rätsel der Dunklen Materie im Halo der Milchstraße und damit auch der anderen Spiralgalaxien gelöst?

Die Frage ließ sich zu diesem Zeitpunkt noch nicht beantworten, weil nicht klar war, wie viele Objekte sich insgesamt dort draußen befanden und wie viel Masse sie zusammen aufwiesen. Hierfür mussten die Entfernungen und Geschwindigkeiten der dunklen Objekte bekannt sein, worüber sich lediglich statistische Aussagen machen ließen.

Die Projekte liefen noch über Jahre weiter, die reiche Ernte an Mikrogravitationslinsenereignissen aber blieb aus. Am Ende war klar, dass der dunkle Halo nicht aus kompakten Objekten besteht. Die Beobachtungen konnten für MACHOs einen Massenbereich von Planeten wie Merkur bis hoch zu Schwarzen Löchern mit etwa 30 Sonnenmassen ausschließen. Die MACHO-Projekte hatten die Astrophysiker auch in der Ansicht bestärkt, dass es sich bei der Dunklen Materie wahrscheinlich um eine Art von unbekannten Elementarteilchen handelt. Heute dienen diese Experimente vornehmlich zur Suche nach veränderlichen Sternen und Exoplaneten.

KAPITEL 2

GALAXIENHAUFEN AUF DER LICHTWAAGE

Die meisten Galaxien befinden sich in Gruppen unterschiedlicher Größe, die wiederum Teil eines riesigen kosmischen Netzes sind. Sie bewegen sich in ihren Gemeinschaften wie Bienen in einem Schwarm – allerdings ebenfalls viel zu schnell. Ohne die Schwerkraft von Dunkler Materie würden sie auseinanderfliegen. Mit Gravitationslinsen lässt sich die Masse der Dunklen Materie in Galaxienhaufen bestimmen.

Galaxienhaufen sind die größten gravitativ gebundenen Strukturen im Universum. Unsere Milchstraße gehört zusammen mit der Andromeda- und der Dreiecksgalaxie (M 33) sowie etwa 50 weiteren Galaxien zur Lokalen Gruppe. Diese wiederum ist Teil des Virgo-Superhaufens, dessen Zentrum der etwa 59 Millionen Lichtjahre entfernte Virgo-Haufen mit bis zu 2000 Galaxien bildet. Bedeutsam für die Dunkle-Materie-Forschung wurde der rund 350 Millionen Lichtjahre entfernte, aus mehr als 1000 Mitgliedern bestehende Coma-Galaxienhaufen.

GALAXIEN WIE IM BIENENSCHWARM

Zu Beginn der 1930er-Jahre erlebte die Kosmologie einen gewaltigen Umbruch. Edwin Hubble hatte entdeckt, dass sich fast alle Galaxien von uns fortbewegen und ihre Geschwindigkeit mit zunehmender Entfernung anwächst. Diese Entdeckung passte sehr gut zu den theoretischen Ergebnissen, welche die Mathematiker Alexander Friedmann und Georges Lemaître aus der Analyse der Allgemeinen Relativitätstheorie erhalten hatten. Demnach kann das Universum in seiner Ausdehnung nicht statisch sein, wie Albert Einstein meinte. Es muss sich zusammenziehen oder ausdehnen. Hubbles „Galaxienflucht" war ganz offenbar die sichtbare Folge der Expansion des Raumes. Es folgten erbitterte Diskussionen über diese Ergebnisse, insbesondere mit Albert Einstein. Im Jahr 1931 zog Lemaître aus Hubbles Beobachtungen den Schluss, dass sich das Universum ausdehnt und infolgedessen aus einem „Uratom" entstanden sein muss. Ein Jahr später gab sich Einstein geschlagen und akzeptierte die Theorie des expandierenden Kosmos (mehr dazu in Kapitel 3).

In dieser heißen Phase betrat ein Astronom die Bühne, der aus heutiger Sicht die damals handfestesten Indizien für fehlende Materie im Universum fand und den Begriff „Dunkle Materie" nachhaltig prägte: Fritz Zwicky. Zwicky war eine schillernde Persönlichkeit, ein ständiger Born neuer Ideen, unabhängig im Denken, aber menschlich mitunter nicht immer einfach. Er kam 1898 in Varna, Bulgarien, zur Welt, wohin sein schweizerischer Vater ausgewandert war. Mit sechs Jahren schickten ihn die Eltern in die Schweiz, wo er als Überflieger seine Lehrer und Mitschüler schwer beeindruckte. Die Matura bestand er mit dem besten Zeugnis seit Bestehen des Gymnasiums. Ständig war es ihm langweilig, weil ihm der Unterricht zu langsam vonstattenging. Während des Studiums an der ETH Zürich, wo er auch Albert Einstein begegnete, war es nicht viel anders. Schließlich promovierte

Abb. 2.1: Der Coma-Galaxienhaufen, aufgenommen mit dem Weltraumteleskop Hubble

er dort in theoretischer Festkörperphysik. Der Besuch des Präsidenten der Rockefeller Foundation am Institut wurde für ihn zum Schlüsselerlebnis. Offenbar erkannte dieser Zwickys Talent und bot ihm ein Stipendium an. Ohne zu zögern, griff Zwicky zu und ging ans California Institute of Technology (Caltech), wo er beim Nobelpreisträger Robert Millikan über kosmische Strahlung forschte. Vor allem aber begeisterte ihn Edwin Hubbles Entdeckung der Galaxienflucht, die ihn in den Bann der Astronomie zog.

Anfang der 1930er-Jahre beobachtete Zwicky mit dem 2,5-Meter-Teleskop auf dem Mount Wilson Galaxien. Dabei fiel ihm auf, dass diese nicht beliebig im Weltall verstreut sind, sondern sich die allermeisten in Gruppen, sogenannten Galaxienhaufen oder Clustern, zusammenfinden. Deren Geschwindigkeiten zu ermitteln, wie Hubble es getan hatte, war indes mühsam: „Die Schwierigkeit, die Spektren sehr entfernter Nebel zu fotografieren, liegt in der Notwendigkeit außerordentlich langer Expositionszeiten. In der Tat war es notwen-

Abb. 2.2: Nie um eine Idee verlegen: Fritz Zwicky am California Institute of Technology

dig, Fotoplatten bis zu 50 Stunden und mehr zu exponieren […].“ Auf diese Weise fand er heraus, dass sich die Haufen von unserer Milchstraße fortbewegen, wobei die Geschwindigkeiten, entsprechend Hubbles Gesetz, mit zunehmender Entfernung ansteigen.

Die allgemeine Haufengeschwindigkeit wurde aus dem Durchschnitt der Geschwindigkeiten aller Mitglieder ermittelt. Tatsächlich bewegen sich innerhalb eines solchen Verbands nicht alle Galaxien einheitlich, sondern schwirren wie Bienen in einem Schwarm umher. Zwicky stellte sehr große Streuungen der Einzelgeschwindigkeiten fest. Ein Beispiel ist der Coma-Haufen, in dem die Astronomen damals rund 800 Galaxien zählten. Er bewegt sich mit einer mittleren Geschwindigkeit von 7500 Kilometer pro Sekunde von uns fort, die Einzelwerte weichen aber bis zu 2000 Kilometer pro Sekunde hiervon ab. Das war schon ein recht chaotischer Galaxienschwarm.

Zwicky nahm jedoch an, dass der Haufen stabil (stationär) ist. Das gesamte Gravitationsfeld aller Galaxien hält den Verband demnach zusammen, er fällt weder in sich zusammen noch fliegt er auseinander. In diesem Fall lässt sich sehr leicht ausrechnen, wie groß die gesamte Schwerkraft sein muss, damit sie die umherschwirrenden

Galaxien binden kann. Für physikalisch Fortgeschrittene: Es gilt dann der Virialsatz, wonach im einfachsten Fall im zeitlichen Mittel die kinetische Energie der Galaxien gleich der halben potenziellen Energie ist. Um sich dies zu veranschaulichen, kann man sich das Gravitationsfeld wie einen Topf vorstellen, der umso tiefer ist, je stärker das Feld ist. Darin rollen nun die Galaxien wie Murmeln umher. Sind sie sehr schnell und der Topf ist eher ein flacher Teller (geringe Schwerkraft, wenig Materie), so werden die Kugeln im Laufe der Zeit alle aus ihm herausgekullert sein. Er muss genügend tief sein – sprich genügend Materie beinhalten –, damit er die Murmeln auf Dauer halten kann.

Diese Überlegung führte Zwicky zu einem überraschenden Ergebnis, das er 1933 in der Fachzeitschrift *Helvetica Physica Acta* veröffentlichte: Während er für die Galaxien eine Gesamtmasse von $8 \cdot 10^{11}$ Sonnenmassen schätzte, ergab die Rechnung nach dem Virialsatz $3{,}2 \cdot 10^{14}$ Sonnenmassen. Oder anders gesagt: Gäbe es nur die Materie der sichtbaren Galaxien, so wäre deren Gravitationsfeld viel zu schwach, um die Sternsysteme aneinander zu binden. In unserem Bild hieße das, der Schwerkrafttopf wäre nicht tief genug. Der Haufen würde in etwa einer Milliarde Jahren auseinanderfliegen. Dieser Zeitraum erscheint vielleicht als sehr lang – tatsächlich bedeutet er aber nur einen Bruchteil des Weltalters, das man damals auf zehn bis 20 Milliarden Jahre schätzte.

„Um, wie beobachtet, einen mittleren Doppler-Effekt von 1000 Kilometer pro Sekunde oder mehr zu erhalten, müsste also die mittlere Dichte im Coma-System mindestens 400-mal größer sein als die aufgrund von Beobachtungen an leuchtender Materie abgeleitete. Falls sich dies bewahrheiten sollte, würde sich also das überraschende Resultat ergeben, dass dunkle Materie in sehr viel größerer Dichte vorhanden ist als leuchtende Materie.“ An dieser Stelle fügte Zwicky eine Fußnote mit einer kosmologischen Schlussfolgerung an:

Er bemerkte, dass diese enorme Masse „größenordnungsmäßig in Übereinstimmung mit der [...] von Einstein und de Sitter" veröffentlichten Vorstellung war, dass die mittlere Materiedichte im Universum den kritischen Wert überschreite, das Weltall also in sich geschlossen sei und in ferner Zukunft wieder in sich zusammenstürzen werde.

Die Galaxien sollten also lediglich einen verschwindend geringen Anteil an der Gesamtmaterie des Universums ausmachen? Diese Behauptung war so überraschend, dass man nach anderen Erklärungen suchte. Eine Möglichkeit bestand darin anzunehmen, dass die Galaxienhaufen nicht stabil seien. Dann hätten die Astronomen eine Momentaufnahme des Universums vor Augen, in der diese Sternsysteme gerade zufällig in Gruppen zusammenstehen, sich aber in Zukunft wieder auflösen würden. Dies schien sehr unwahrscheinlich, denn warum sollten ausgerechnet jetzt diese Ansammlungen existieren?

Ein zweiter Grund sprach dagegen. Löste sich beispielweise der Coma-Haufen auf, so wäre „das Resultat dieser Expansion", so Zwicky, „am Ende 800 Einzelnebel, welche Eigengeschwindigkeiten von der ursprünglichen Größenordnung (1000 bis 2000 Kilometer pro Sekunde) aufweisen würden." Die damals bekannten Einzelgalaxien wichen aber nicht weiter als etwa 200 Kilometer pro Sekunde von der nach dem Hubble-Gesetz berechneten Geschwindigkeit ab. Auch andere Versuche, die hohe Geschwindigkeit der Galaxien in den Haufen zu erklären, waren unbefriedigend. Der unglaublich hohe Anteil an Dunkler Materie blieb als „nicht geklärtes Problem" zurück.

Wenige Jahre nach Zwickys rätselhafter Beobachtung kam Sinclair Smith am Mount-Wilson-Observatorium für den Virgo-Galaxienhaufen zu einem ähnlichen Ergebnis. Aus den gemessenen Einzelgeschwindigkeiten der Galaxien bis zu 1500 Kilometer pro Sekunde errechnete er eine Gesamtmasse von $2 \cdot 10^{14}$ Sonnenmassen, die 500 sichtbaren Galaxien brachten aufgrund ihrer Helligkeit jedoch nicht einmal ein Prozent dessen auf die Waage. Dieses eklatante

Missverhältnis geht zum Teil darauf zurück, dass Smith die Entfernung zum Virgo-Haufen erheblich unterschätzte, weswegen er aus der beobachteten Helligkeit der Galaxien eine zu geringe Masse errechnete. Smith führte das Defizit auf unsichtbare Materie zwischen den Galaxien zurück.

Doch das Problem der fehlenden Materie blieb lange Zeit eine Randnotiz der Astronomiegeschichte. Niemand ging ihm weiter nach, selbst Zwicky nicht. Erst nach dem Zweiten Weltkrieg lebte die Frage wieder auf. Da es keinerlei Hinweise auf die Natur der Dunklen Materie gab, griff Ende der 1950er-Jahre der sowjetische Astrophysiker Viktor Ambarzumjan die bereits weitgehend verworfene Idee der in Auflösung befindlichen Galaxienhaufen wieder auf. Nun drängte das Problem doch so sehr, dass im August 1961 in Santa Barbara, Kalifornien, eigens eine Konferenz über die Unstimmigkeiten in der Massenbestimmung des Coma-Galaxienhaufens einberufen wurde. Ambarzumjan trug erneut seine Hypothese vor. Kritiker brachten das alte Gegenargument, dass in diesem Fall die Haufen nicht länger als einige zehn Millionen bis eine Milliarde Jahre lang bestehen würden – eine für kosmologische Skalen kurze Zeitspanne. Ambarzumjan postulierte außerdem eine Form von „explosiver Energie“, welche die Galaxien auseinandertreibe, deren Natur Spekulation blieb. Zwickys ursprüngliche Alternative implizierte indes nach damaligem Kenntnisstand, dass etwa 99 Prozent der Masse des Universums bis dahin unsichtbar geblieben waren. Zu dieser Hypothese gaben die Tagungsveranstalter zu bedenken, dass es „vielleicht geschmacklos für Astronomen und Kosmologen ist zu denken, dass ihre Theorien auf Beobachtungen von weniger als einem Prozent der Materie basieren, die wirklich vorhanden ist!“

Bis weit in die späten 1960er- und frühen 1970er-Jahre hinein wurden viele verschiedene Lösungen für die fehlende Masse diskutiert. Dazu gehörten die Existenz einer großen Anzahl von lichtschwachen und daher unbeobachtbaren Zwerggalaxien, Änderungen des Gravitationsgesetzes, Schwarze Löcher und Neutrinos. Auch Beobachtungsfehler schienen nicht ausgeschlossen. So vermuteten einige Forscher, dass Galaxien fälschlicherweise für Haufenmitglieder gehalten werden könnten, die sich in Wirklichkeit weit dahinter oder davor befänden. Auch Ambarzumjans Hypothese war nie ganz vom Tisch.

INTERGALAKTISCHES GAS IM RÖNTGENLICHT

Das Problem der fehlenden Masse in Galaxienhaufen blieb virulent. War es vielleicht unsichtbares Gas? Wenn dieses sehr heiß war, strahlte es eventuell kein sichtbares Licht aus, sondern extrem kurzwellige UV- oder gar Röntgenstrahlung. Diese wäre vom Erdboden aus nicht beobachtbar, weil die Atmosphäre sie verschluckt. Röntgenstrahlung aus dem Kosmos lässt sich nur vom Weltraum aus beobachten.

Am Beginn der Röntgenastronomie standen Flüge mit V2-Raketen, welche die Amerikaner in Deutschland erbeutet hatten. Mit speziell beschichteten Fotoplatten gelang es erstmals 1949, Röntgenstrahlung aus dem All nachzuweisen. Sie kam von der Sonne. Als Pionier der Röntgenastronomie gilt aber Riccardo Giacconi, der für seine bahnbrechenden Entwicklungen auf diesem Gebiet 2002 den Physik-Nobelpreis erhielt. In den 1960er-Jahren arbeitete Giacconi bei der American Science & Engineering Inc. in Cambridge, Massachusetts, wo er sich mit Röntgendetektoren beschäftigte. 1962 installierte er einen Geiger-Zähler an Bord einer Höhenforschungsrakete und entdeckte damit eine weitere Röntgenquelle im Sternbild Skorpion, die man Scorpius X-1 taufte. Deren Natur war damals unklar. Heute wissen wir, dass es sich um ein Doppelsternsystem handelt, in dem ein Neutronenstern von einem nahen Begleitstern Materie absaugt. Diese erhitzt sich dabei so stark, dass sie Röntgenstrahlung aussendet. Zu dieser Zeit wussten Astronomen zudem, dass der Krebsnebel sowie die beiden Riesengalaxien Messier 87 im Virgo- und NGC 1275 im Perseus-Haufen Röntgenquellen sind.

Diese aufregenden Entdeckungen veranlassten Giacconi und Kollegen, einen Satelliten zu bauen, der in einer Erdumlaufbahn ungestört arbeiten konnte. Der Satellit startete im Dezember 1970 von einer vor der Küste Kenias befindlichen Meeresplattform und erhielt den Namen Uhuru, was auf Swahili Freiheit bedeutet. Uhuru scannte erstmals den gesamten Himmel im Röntgenbereich ab und spürte mehr als 150 Objekte auf, von denen sich die meisten in der Milchstraße befanden. Spektakulär war indes die Entdeckung, dass große Galaxienhaufen, wie der Perseus- und der Virgo-Haufen, enorme Energien in diesem hochenergetischen Bereich abstrahlen. Sie zählen zu den hellsten Röntgenquellen am Himmel.

Uhurus Röntgendetektor hatte eine geringe Auflösung, die etwa dem Durchmesser des Vollmondes entsprach. Dennoch war erkennbar, dass die Röntgenstrahlung nicht von einzelnen Galaxien, sondern von einem innerhalb des Haufens verteilten Gas stammte. Heftige Diskussionen über die Ursache dieser energiereichen Strahlung setzten ein. Eine Möglichkeit war, dass das Gas eine Temperatur von vielen Millionen Grad besitzt. Es wurden aber auch andere Möglichkeiten in Betracht gezogen.

Einen wesentlichen Fortschritt in dieser Frage brachte der 1990 gestartete deutsch-amerikanisch-britische Röntgensatellit ROSAT (Abbildung 2.3). Er trug zwei Teleskope, welche die Strahlung in zwei unterschiedlichen Energiebereichen abbildeten. Hierfür musste Pionierarbeit geleistet werden, denn Röntgenstrahlung lässt sich nicht so einfach mit einem Spiegel oder einer Linse bündeln wie Licht. Dies gelingt nur, wenn die Strahlung in einem sehr flachen Winkel auf eine Oberfläche trifft – ähnlich wie Wasser, das durch einen Trichter strömt. Die beiden ROSAT-Instrumente waren sogenannte verschachtelte

Abb. 2.3: Das Weltraum-Röntgenteleslop ROSAT war von 1990 bis 1999 aktiv.

Abb. 2.4: Das ineinander verschachtelte Spiegelsystem von ROSAT in der Aufsicht

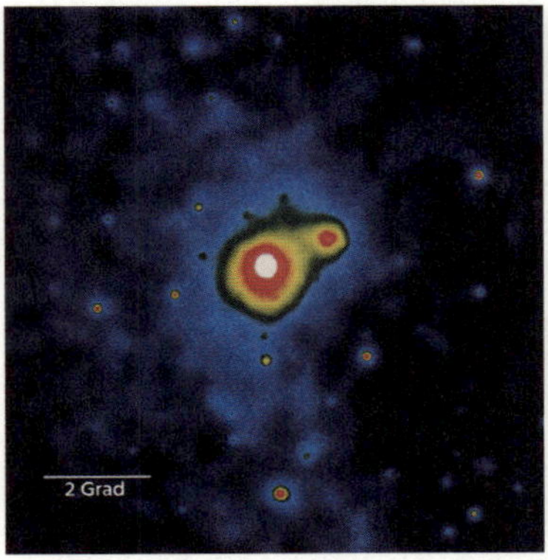

Abb. 2.5: Der mit ROSAT aufgenommene Virgo-Galaxienhaufen

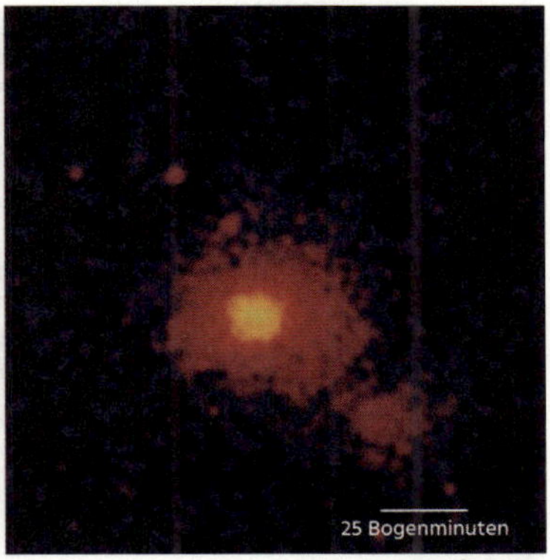

Abb. 2.6: Der mit ROSAT aufgenommene Coma-Galaxienhaufen

Wolter-Typ-I-Teleskope. Darin werden mehrere lange, leicht konisch zulaufende und verspiegelte Röhren mit unterschiedlichen Durchmessern ineinander verschachtelt (Abbildung 2.4). Sie reflektieren die Röntgenstrahlung auf einen Fokus.

Mit ROSAT gelang die erste vollständige Himmelsdurchmusterung mit abbildenden Teleskopen und einer Winkelauflösung von unter einer Bogenminute, entsprechend einem Dreißigstel des Vollmonddurchmessers. Die Ernte dieser fast neun Jahre dauernden Mission bestand aus rund 125.000 Objekten, darunter vielen Galaxienhaufen. ROSAT arbeitete bis 1999, seine Messdaten werden noch heute für zahlreiche Untersuchungen genutzt.

In den großen Clustern entdeckten die Forscher mit dem Röntgenspäher auch erstmals eine Struktur des Röntgengases. So erstreckt sich das Gas im Virgo-Haufen über etwa acht Grad in Nord-Süd- und fünf Grad in Ost-West-Richtung (Abbildung 2.5). Zudem zeigte sich eine kompakte Kernregion um die Riesengalaxie Messier 87. Im Coma-Haufen war das Röntgengas eher kugelförmig um die Zentralgalaxien verteilt (Abbildung 2.6).

Abb. 2.7: Das europäische Weltraum-Röntgenteleskop XMM-Newton

Diese Daten unterstützten die Vermutung, dass die Röntgenstrahlung von einem sehr fein verteilten Gas mit Temperaturen zwischen zehn und 100 Millionen Grad stammt. Mit den beiden 1999 gestarteten und noch aktiven Röntgenteleskopen Chandra und XMM-Newton (Abbildung 2.7) lässt sich das heiße intergalaktische Medium noch genauer untersuchen. Es besteht aus normaler Materie, also überwiegend aus Wasserstoff und Helium sowie Spuren von schwereren Elementen. Zumindest ein Teil des Gases wurde von explodierenden Sternen (Supernovae) aus den Galaxien herausgeblasen. Gleichzeitig fällt das Gas zum Zentrum, wo sich auch die Riesengalaxien befinden, und erhitzt sich dabei. Und nicht zuletzt können auch ganze Galaxienhaufen zusammenstoßen. Dann wird das Gas in der Kollisionszone zusammengedrückt und ebenfalls erhitzt.

Die Frage war nun: Handelte es sich bei dem heißen Röntgengas um die von Zwicky vermutete Dunkle Materie? Diese Thematik lässt sich sehr gut am Perseus-Haufen behandeln. Dieser befindet sich in einer Entfernung von etwa 240 Millionen Lichtjahren und enthält mehr als 500 nachweisbare Galaxien. Kein anderer Galaxienhaufen ist im Röntgenbereich so leuchtkräftig wie er. Dennoch lässt sich die

Abb. 2.8: Röntgenaufnahme des Weltraumteleskops Chandra vom Perseus-Haufen und der Wellenstruktur des Gases im Zentralbereich

Gesamtmasse des heißen Gases nur schwer bestimmen. Der Grund ist seine ungewöhnliche Wellenstruktur im Zentralbereich des Haufens, vermutlich erzeugt von Gas, das mit großer Geschwindigkeit von einem supermassereichen Schwarzen Loch im Zentrum der Galaxie NGC 1275 abströmt (Abbildung 2.8). Da das Schwarze Loch rotiert, streicht der Gasstrom spiralförmig durch die Umgebung, ähnlich wie der Wasserstrahl eines sich drehenden Rasensprengers. Fast 389 Stunden lang musste das Weltraumteleskop Chandra auf den Perseus-Haufen ausgerichtet werden, um diese Struktur detailliert sichtbar zu machen. Solche dynamischen Prozesse verkomplizieren die Berechnung der Gasmasse aus der Röntgenleuchtkraft, sie trägt jedoch nur ein paar Prozent zur Gesamtmasse von $8{,}5 \cdot 10^{14}$ Sonnenmassen bei.

Für den 350 Millionen Lichtjahre entfernten Coma-Haufen schien die Massenbestimmung auf den ersten Blick einfacher zu sein, weil die Galaxien darin in einem kugelförmigen Volumen verteilt sind, so wie man es sich für einen im Gleichgewicht befindlichen Haufen vorstellt. Bei genauem Hinsehen, erkennt man jedoch schon auf der ROSAT-Aufnahme unten rechts ein kleine „Beule" (Abbildung 2.6).

Abb. 2.9: Röntgenaufnahme des Coma-Galaxienhaufen von Chandra

An dieser Stelle kollidiert eine kleinere Galaxiengruppe mit dem Coma-Haufen. Auf detaillierteren Aufnahmen mit XMM-Newton und Chandra wurden noch weitere Gasströme entdeckt (Abbildung 2.9). Sie stellen Verbindungen zu der großräumigen netzartigen Struktur des Universums dar. Aus den Daten von XMM-Newton ergibt sich eine Gesamtmasse von $2 \cdot 10^{15}$ Sonnenmassen und ein Anteil des heißen Gases von etwa sechs Prozent – wie auch beim Perseus-Haufen immerhin ein Mehrfaches der Masse aller Galaxien des Haufens.

Sowohl im Perseus- als auch im Coma-Haufen reicht dennoch das heiße Röntgengas bei Weitem nicht aus, um die fehlende Materie zu erklären, die sich aus den Galaxiengeschwindigkeiten ergibt. Fritz Zwicky hatte also Recht, als er die Existenz einer Dunklen Materie vorhersagte. Übrigens gilt Zwickys Argumentation nicht nur für die Galaxien, sondern auch für die Atome des Röntgengases. In einem mehrere zehn Millionen Grad heißen Gas fliegen sie mit über

1000 Kilometer pro Sekunde umher und müssen von der gemeinsamen Schwerkraft in ihrem Verbund gehalten werden. Auch hierfür ist die Einwirkung der Dunklen Materie nötig.

MIT GRAVITATIONSLINSEN MATERIE WIEGEN

Aus den Messungen der Geschwindigkeiten von Galaxien sowie der Temperatur und Verteilung des Röntgengases in den Haufen lässt sich die erforderliche Masse der Dunklen Materie berechnen. Aber diese Beobachtungen sagen nur sehr wenig über deren räumliche Verteilung und ihre Eigenschaften aus. Wie soll man auch etwas beobachten und studieren, was man nicht sieht? Zum Glück stellt die Natur ein Werkzeug bereit, mit dem Astronomen heute eine der wichtigsten Analysetechniken entwickelt haben: den Gravitationslinseneffekt. In seiner Geschichte spielten zwei Prominente entscheidende Rollen: Albert Einstein und – wieder einmal – Fritz Zwicky.

Der Gravitationslinseneffekt lässt sich nur im Rahmen der Allgemeinen Relativitätstheorie verstehen. Demnach ist die Schwerkraft oder Gravitation keine Kraft, sondern eine Eigenschaft von Raum und Zeit. Nach der klassischen Newtonschen Theorie wirkt zwischen zwei Körpern eine Schwerkraft, die quadratisch mit der Entfernung zueinander abnimmt. Wie mit unsichtbaren Bändern sind die Körper aneinandergebunden. Newton selbst gab zu, dass er nicht erklären konnte, auf welche Weise die Kraft übertragen wird. Mit dieser Theorie, die sich über Jahrhunderte bewährt hatte, räumte Einstein 1915 auf. In seiner Theorie der Gravitation ist der Raum nicht absolut und unveränderlich, sondern wird in der Umgebung von Materie gekrümmt. Gleichzeitig verändert sich auch der Lauf der Zeit, doch diesen Einfluss wollen wir für die Beschreibung des Gravitationslinseneffekts außer Acht lassen.

Da wir uns einen gekrümmten Raum nicht vorstellen können, reduzieren wir ihn von drei Dimensionen (Höhe, Länge, Breite) auf zwei, indem wir die Höhe einfach weglassen. Damit ist das gesamte Universum inklusive unserer Erlebniswelt auf eine Fläche reduziert. Schon Einstein selbst hat in Briefen diese Veranschaulichung gewählt. Ein ungekrümmter Raum entspräche dann einer ebenen Fläche, auf der die bekannte euklidische Geometrie gilt.

Würden wir in diesem Raum beispielsweise mit Laserstrahlen ein rechtwinkliges Gitter aufspannen, ähnlich einem Schachbrettmuster, so ließe sich daran die Raumkrümmung ablesen. Bewegt sich nämlich ein Stern, Planet oder irgendein anderer Körper in dieses Gebiet hinein, wird die Fläche um ihn herum eingedellt, das Lichtgitter verzerrt sich. Je größer die Massenkonzentration ist, desto tiefer wird die Ausbeulung. Die Geometrie ist nun nicht mehr euklidisch.

Lichtstrahlen nehmen zwischen zwei Punkten A und B stets den kürzesten Weg. In einem flachen Raum mit euklidischer Geometrie ist dies eine Gerade. Im Bereich des gekrümmten Raumes muss der Lichtstrahl aber der Verbiegung folgen, denn er kann aus dem Raum (in unserer Vereinfachung der Fläche) nicht heraus, weil er sonst in eine höhere Dimension springen würde. Auch in einem gekrümmten Raum nimmt das Licht immer den kürzesten Weg, aber in diesem Fall ist es eine krumme Bahn.

Einstein war damals sofort klar, dass sich die Raumkrümmung bei der Sonne nachweisen lassen müsste. Läuft das Licht eines fernen Sterns in der Nähe des Sonnenrands vorbei, wird es abgelenkt. Wenn wir den Stern sehen, scheint sich dessen Position am Himmel geringfügig verschoben zu haben. Um diesen Effekt festzustellen, müsste man während einer totalen Sonnenfinsternis die Position von Sternen in der Nähe der Sonne exakt vermessen. Diese vergleicht man dann mit einer Aufnahme des gleichen, ungestörten Himmelsfeldes, die zu einer anderen Zeit nachts gemacht worden ist. In seiner fundamentalen Arbeit *Die Grundlage der allgemeinen Relativitätstheorie* von 1916 berechnete Einstein, dass sich durch die Raumkrümmung die scheinbare Position eines Sterns unmittelbar am Sonnenrand um 1,75 Bogensekunden verschieben müsste.

Tatsächlich gelang die Messung bei einer Sonnenfinsternis am 29. Mai 1919. Hierfür wurden unter der Leitung des britischen Astrophysikers Arthur Eddington extra zwei Forschungsexpeditionen nach Sobral im Norden Brasiliens sowie zur Insel Principe im Golf von Guinea, westlich von Afrika, entsendet. Die Bestätigung von Einsteins Vorhersage bedeutete damals den Durchbruch für seine Allgemeine Relativitätstheorie. Große Zeitungen überboten sich weltweit geradezu in der Euphorie ihrer Schlagzeilen: *The Times*, 7. November: „Wissenschaftliche Revolution. Neue Theorie des Universums. Newtons Vorstellung umgestürzt", *The New York Times*, 10. November: „Lichter am Himmel alle schief". Über Nacht war Einstein weltberühmt geworden. Von nun an wurde jeder „Piepser zum Trompetensolo", wie er später einmal sagte. Seinem Freund Max Born schrieb er: „Gegenwärtig debattiert jeder Kutscher und jeder Kellner, ob die Relativitätstheorie richtig sei." Im Grunde hatten Eddington und seine Kollegen damit die erste Gravitationslinse beobachtet.

Einstein sah jedoch keine Möglichkeit, dieses Phänomen bei anderen Himmelskörpern zu beobachten. Nur im Jahr 1936 ließ er sich noch einmal zu einer Veröffentlichung über die „linsenähnliche Wirkung eines Sterns" überreden, wie im letzten Kapitel bereits geschildert. Zur Erinnerung: Wenn von der Erde aus gesehen zwei Sterne exakt auf einer Linie liegen, wird das Licht des hinteren Sterns durch die Raumkrümmung so abgelenkt, dass er uns als Ring erscheint, in dessen Mittelpunkt der vordere Stern (die Linse) steht. Wir nennen dieses Phänomen heute Einstein-Ring. Sind die beiden Körper leicht gegeneinander verschoben, so entstehen vom hinteren Stern zwei oder mehrere Bilder (Abbildung 2.10).

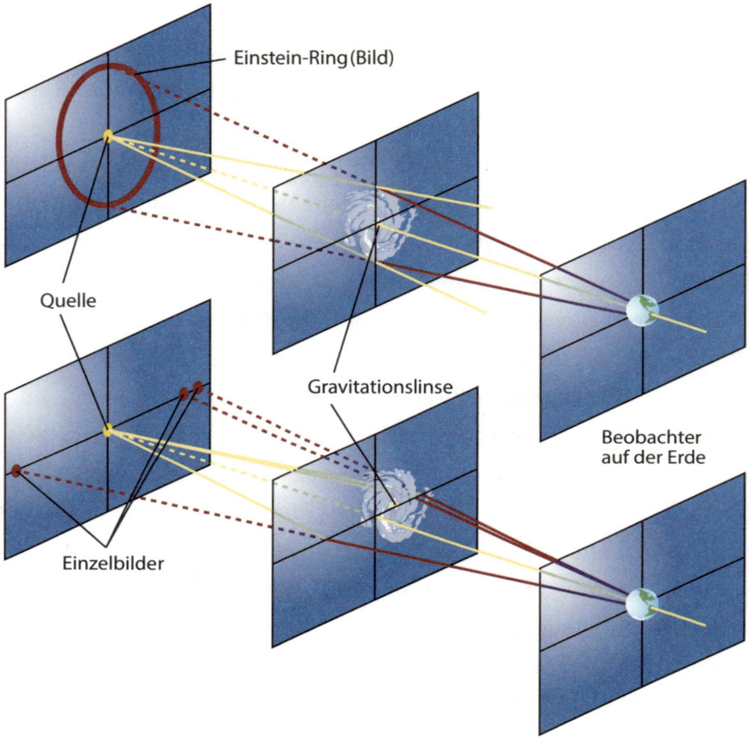

Abb. 2.10: Welche Art von Gravitationslinsenbild entsteht, hängt von der Ausrichtung des hinteren (gelinsten) und vorderen (linsenden) Himmelskörpers ab. Stehen sie exakt hintereinander, entsteht ein Einstein-Ring, sind sie gegeneinander leicht verschoben, zeigen sich Mehrfachbilder.

Während Einstein den Gravitationslinseneffekt von Sternen für unbeobachtbar hielt, hatte der vor Ideen sprühende Fritz Zwicky ein Jahr nach Einsteins Artikel einen grandiosen Einfall: 1937 veröffentlichte er im *Astrophysical Journal* eine kurze Arbeit, in der er auf Einsteins Idee zurückkam, als Linse aber nicht einen Stern, sondern eine ganze Galaxie annahm. Dann nämlich musste der Durchmesser des Einstein-Rings beziehungsweise der Abstand zweier Bilder wegen des stärkeren Schwerkraftfeldes wesentlich größer sein als im Fall einer Sternlinse. Die Galaxiendichte ist in manchen Haufen so groß, dass mit großer Sicherheit in einigen Fällen zwei Galaxien auf der Sichtlinie zufällig hintereinanderstehen. Das Bild der hinteren Galaxie würde außerdem aufgehellt, wodurch sich dieser Effekt noch leichter entdecken ließe. Zwicky schätzte ab, dass in einem Haufen etwa jede hundertste Galaxie als Linse wirken müsste. Im Coma-Haufen hätte man also mit nahezu zehn solcher Linsenbilder zu rechnen.

Zwicky nannte damals drei Gründe, die den Gravitationslinseneffekt besonders interessant machten: Zum einen ließe sich die Allgemeine Relativitätstheorie überprüfen, zum anderen könnte man wegen der Lichtverstärkung auch Galaxien beobachten, die ansonsten wegen ihrer großen Entfernung zu lichtschwach waren. Und schließlich böte sich die Chance, aus der Stärke der Lichtablenkung die Masse der Vordergrundgalaxien zu bestimmen und damit das Problem der fehlenden Materie im Coma-Haufen anzugehen. „Die Beobachtung solcher Gravitationslinseneffekte verspricht uns, die einfachste und genaueste Bestimmung von Nebelmassen zu liefern", schrieb er prophetisch. Heute nutzen wir den Gravitationslinseneffekt in Bezug auf alle drei Aspekte.

Zwicky suchte daraufhin Fotoplatten von Galaxienhaufen ab und fand auch einige nebulöse Objekte, die als Gravitationslinsenbilder in Frage kamen. Um den Verdacht zu bestätigen, muss man aber das Licht dieser Objekte spektral zerlegen. Dann lässt sich aus der Rotverschiebung ersehen, ob das verdächtige Objekt wirklich weit hinter dem Coma-Haufen steht. Hierfür reichten die damaligen technischen Möglichkeiten jedoch nicht aus. Zwicky wurde nicht fündig. Den großen Durchbruch seiner Methode sollte er nicht mehr erleben.

Im Jahr 1979 schließlich sorgten die britischen Astronomen Dennis Walsh und Robert Carswell sowie Ray Weymann aus den USA mit der Entdeckung der ersten Gravitationslinse für Aufsehen. Es handelte sich um zwei, nahe beieinanderstehende Quasare, deren Spektren identisch waren. Rund ein Jahr später fand man zwischen den beiden Bildern eine Galaxie, die etwa halb so weit von der Erde entfernt ist wie der Quasar. Damit war klar: Es handelte sich um zwei Bilder ein und desselben Objekts, hervorgerufen durch die Galaxie als Linse. Quasare sind sehr kompakte, extrem leuchtkräftige Zentralgebiete einer bestimmten Klasse von Galaxien. Da sie nicht größer sind als unser Sonnensystem, erscheinen sie als sternförmige Punkte. Heute sind viele Linsensysteme mit zwei oder mehreren Bildern bekannt; auch Einstein-Ringe, bei denen das hintere „gelinste" und das vordere „linsende" Objekt auf einer Linie mit uns liegen, wurden vielfach entdeckt. In all diesen Fällen lenkt eine Galaxie das Licht ab (Abbildung 2.11).

Die Art der Lichtablenkung in einer Gravitationslinse lässt sich übrigens leicht veranschaulichen. Hierfür nehme man ein Stielglas, beispielsweise ein Weinglas, und schneide den Stiel kurz oberhalb vom Fuß ab (!). Schiebt man diese Linse beispielsweise über eine Buchseite, so werden die Buchstaben optisch etwa so verzerrt wie im Gravitationsfeld eines Sterns oder einer Galaxie. Wer weiterhin aus dem Glas trinken möchte, kann den Effekt auch beobachten, indem er das Glas ganz lässt und seitlich durch den Fuß schaut.

Aus Sicht der Dunkle-Materie-Forschung wird es richtig interessant, wenn ein ganzer Galaxienhaufen als Gravitationslinse wirkt. Dann entsteht die Lichtablenkung durch die gemeinsame Schwerkraft aller im Haufen enthaltenen Materie, also der Galaxien sowie des heißen Gases und der Dunklen Materie. Davon hatte Zwicky 1937 geträumt. Doch es musste noch ein halbes Jahrhundert bis zur Entdeckung dieses Phänomens vergehen.

Im Januar 1987 berichteten die beiden amerikanischen Astronomen Roger Lynds und Vahe Petrosian auf dem 169. Treffen der Amerikanischen Astronomischen Union in Pasadena, dass sie bei

Abb. 2.11: Gravitationslinsenbilder von Quasaren, aufgenommen mit dem Weltraumteleskop Hubble

einer Untersuchung von 57 Galaxienhaufen in zwei Fällen merkwürdige, bis dahin nie gesehene, leuchtende Bögen entdeckt hätten. Sie besaßen Längen von mehr als 300.000 Lichtjahren und ähnelten von der Farbe her elliptischen Galaxien. „Die Strukturen sind anders als alles, was wir bisher gesehen haben, aber niemand bezweifelt, dass sie real sind", schrieben die beiden.

Die leuchtenden Bögen waren so spektakulär, dass sie vorab im Fernsehen und in Tageszeitungen gezeigt wurden. Sofort lieferten

Astrophysiker eine Reihe von Erklärungsmöglichkeiten: Es könne sich um Explosionswolken handeln oder um Materiebögen, die sich bei der Kollision zweier Galaxien abgelöst hatten. Bohdan Paczynski, der erst kurz zuvor das MACHO-Suchprojekt mit Hilfe des Mikrogravitationslinseneffekts vorgeschlagen hatte (siehe Kapitel 1), fand die richtige Lösung: Es handelt sich um die lang gesuchten Linsenbilder entfernter Galaxien. Der Streit um die Natur dieses Phänomens ließ sich nach seiner Meinung nur lösen, indem man von den Bögen Spektren aufnähme. Anhand der Rotverschiebung ließe sich dann entscheiden, ob sich die zugehörigen Galaxien weit hinter dem Galaxienhaufen befinden. Dies gelang schließlich, so dass kein Zweifel mehr daran bestand, dass es sich bei den Bögen um die verzerrten Bilder von weit entfernten Galaxien handelt. Einer der beiden Haufen war Abell 370. Er sollte sich später zu einer der am besten untersuchten Gravitationslinsen entwickeln.

LINSENMODELLE IM COMPUTER

Damit hatte sich Zwickys Hoffnung erfüllt. Da Gravitationslinsen die Möglichkeit eröffnen, die Masse der Dunklen Materie in Galaxienhaufen zu bestimmen, entwickelte sich diese Art der Forschung sehr rasch – und zwar sowohl in theoretischer als auch in beobachtungstechnischer Hinsicht. Wie lässt sich nun mit Licht die Masse von Galaxienhaufen messen?

Im Prinzip ist das Verfahren recht einfach. Zunächst fertigt man eine möglichst genaue Aufnahme des Galaxienhaufens an und bestimmt darauf exakt die Lage der Mehrfachbilder und Bögen. Dann benötigt man von den Galaxien im Vordergrund (also der Linse) und den Bildern Spektren, denen man die Entfernung entnimmt. Diese Informationen fließen nun in ein räumliches Computermodell ein, in dem man die Massenverteilung im Galaxienhaufen so lange verändert, bis es die Verteilung der Bilder richtig wiedergibt.

Im Detail ist die Prozedur allerdings aufwendig und im schlimmsten Fall nicht eindeutig. Einige prinzipielle Lösungen lassen sich aber schon mit geringem Rechenaufwand verstehen. Der einfachste Fall ist eine punktförmige Linse mit einem kugelsymmetrischen Gravitationsfeld. Befinden sich die Erde, die Linse und das abgebildete, gelinste Objekt auf einer Linie, so erscheint das Objekt als Einstein-Ring mit der Linse im Zentrum. Den Ringradius nennen wir Θ, die Abstände von der Erde zur Linse R_L, zum Objekt R_O und die Entfernung der Linse vom Objekt R_{LO}, außerdem sei die Masse der Linse M. In diesem ganz einfachen Fall errechnet sich der Ablenkwinkel Θ nach der Formel:

$$\Theta = \sqrt{\frac{4GM}{c^2} \cdot \frac{R_{LO}}{R_L \cdot R_O}}$$

Dabei sind G die Gravitationskonstante und c die Lichtgeschwindigkeit; die Größen müssen in Kilogramm und Meter eingegeben werden. Möchte man der Einfachheit halber die Distanzen in Lichtjahren und die Masse in Sonnenmassen einsetzen, verändert sich die Gleichung zu:

$$\Theta = 8{,}2 \cdot 10^{-7} \sqrt{M \cdot \frac{R_{LO}}{R_L \cdot R_O}}$$

Den Winkel Θ erhält man dann im Bogenmaß. Qualitativ sieht man an der Gleichung sofort, dass der Einstein-Ring mit der Masse der Linse wächst. Mit ein paar realistischen Zahlenwerten können wir den Ringradius beispielsweise des Coma-Haufens berechnen. Sein Abstand R_L beträgt 350 Millionen Lichtjahre und seine Gesamtmasse etwa $2 \cdot 10^{15}$ Sonnenmassen. Ein Objekt, beispielsweise ein Quasar, der sich fünf Milliarden Lichtjahre hinter dem Haufenzentrum befindet, würde dann als Ring mit einem Radius von 6,5 Bogenminuten erscheinen (im Bogenmaß $\Theta = 1{,}9 \cdot 10^{-3}$). Das entspricht etwa einem

Abb. 2.12: Hubble-Aufnahme des Galaxienhaufens Abell 2218. Zahlreiche Gravitationslinseneffekte wie Streifen und Bögen von dahinterliegenden Galaxien machen sich hier bemerkbar.

Fünftel des Vollmonddurchmessers und lässt sich leicht beobachten. Befindet sich der Quasar nur in einer Milliarde Lichtjahren hinter dem Haufen, so ist der Ringradius mit 5,8 Bogenminuten nur unwesentlich kleiner.

Umgekehrt kann man natürlich mit gemessenen Werten der Abstände und des Ringdurchmessers die Gesamtmasse ausrechnen. In den meisten Fällen ist dies jedoch nicht so einfach, weil die Materie nicht kugelsymmetrisch verteilt ist, sondern in ihrer Form mehr oder weniger stark davon abweichen kann. Außerdem werden Hintergrundobjekte nicht exakt auf der Symmetrieachse liegen, sondern seitlich versetzt. Bei kleinen Abweichungen ist der Einstein-Ring in zwei oder mehr bogenförmige Bilder aufgespalten, die aber etwa auf dem idealen vollständigen Ring liegen. In einem solchen Fall lässt sich die Masse ebenfalls recht genau ausrechnen. Häufig ist die Materieverteilung im Haufen aber eher klumpig und im Umkreis der großen Galaxien konzentriert. Um im Bild mit dem Weinglas zu bleiben: In dessen Fuß stören kleine Blasen die Lichtbrechung. Dann ist die Simulation im Computer aufwendiger, und die Beobachtungsdaten müssen sehr genau sein.

Noch ein Punkt ist entscheidend: Bestimmen lässt sich nur die Materie innerhalb des Rings oder der Bögen. Da die Materiedichte in einem Haufen von innen nach außen abnimmt, trägt nur der zentrale Teil zum Einstein-Ring bei. Die dünner verteilte Materie in den Außenbereichen erzeugt aber auch einen schwachen Gravitationslinseneffekt. Dieser lässt sich nachweisen, indem man die Formen von gelinsten Hintergrundgalaxien statistisch nach bogenförmigen Verbiegungen untersucht. Das funktioniert mittlerweile sehr gut, so dass man mit dem starken und schwachen Gravitationslinseneffekt die Massenverteilung innerhalb von Galaxienhaufen sehr genau bestimmen kann. Wohlgemerkt, zum Gravitationslinseneffekt trägt jede Art von Materie bei: Galaxien, das heiße intergalaktische Gas sowie die Dunkle Materie.

Diese Methode hat entscheidend zur Erforschung der Dunklen Materie beigetragen. Als Richtschnur für die Qualität der Modelle und damit der Massenbestimmung gilt: Je schärfer die Aufnahme und je mehr Bilder mit spektroskopisch ermittelten Entfernungen erkennbar sind, desto besser. Anfangs kamen für solche Untersuchungen vor allem die extrem scharfen Aufnahmen des Weltraumteleskops Hubble in Frage, heute eignen sich auch andere Observatorien am Boden. Eine der ersten eindrucksvollen Aufnahmen gelang mit dem

Hubble-Teleskop von dem 2,3 Milliarden Lichtjahre entfernten Galaxienhaufen Abell 2218 (Abbildung 2.12). Er enthält mehrere tausend Galaxien und weit über hundert Bilder von unterschiedlich weit entfernten Galaxien in einem Bereich zwischen fünf und acht Milliarden Lichtjahren hinter ihm.

Ein Team um Jean-Paul Kneib vom Astrophysikalischen Labor in Marseille, einem Pionier der Gravitationslinsenforschung, erstellte das bislang genaueste Modell von Abell 2218. Darin positionierten die Forscher die 200 hellsten Galaxien des Haufens und die Verteilung des mit Chandra beobachteten Röntgengases. Hinzu kamen rund 50 Bilder von 13 Hintergrundgalaxien. Sie fanden heraus, dass sich die gesamte Materie in Abell 2218 auf zwei Haufen verteilt, die vermutlich zusammenstoßen. Dies hatte man bereits aus der Verteilung der Galaxien geschlossen, wobei zwei große elliptische Galaxien die Schwerkraftzentren der beiden Haufen bilden. Auch die Röntgendaten unterstützen diese Interpretation.

Die gesamte, überwiegend dunkle Materie ist innerhalb dieser beiden Haufen nicht gleichmäßig verteilt. Vielmehr konzentriert sie sich auf die Galaxien, die selbst in ihre eigenen Halos aus Dunkler Materie eingebettet sind, ganz so, wie es die Modelle der Milchstraße und der anderen Galaxien vorhersagen. Diese lokalen Halos befinden sich im großräumigen Halo des Haufens und sind in unserem Bild die kleinen Blasen in der Weinglaslinse. Nach Kneibs Analysen steuert die helle Zentralgalaxie neun Prozent und alle anderen Galaxien sechs Prozent zur Gesamtmasse bei, während die restlichen 85 Prozent im großräumigen Halo stecken.

Abell 2218 sorgte zudem für Aufsehen, als Astronomen darin das Bild einer Galaxie entdeckten, die etwa 12,7 Milliarden Lichtjahre von uns entfernt ist. Sie sendete das heute von uns empfangene Licht aus, als das Universum gerade einmal 750 Millionen Jahre alt war, sich also gewissermaßen im Kindesalter befand. Die Galaxie war

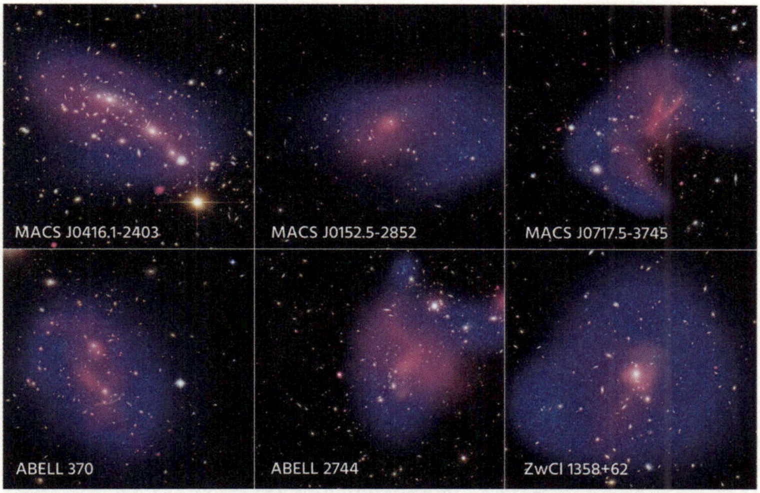

Abb. 2.13: Diese Aufnahmen einiger Galaxienhaufen, darunter Abell 370, zeigen das mit Chandra gemessene Röntgengas (violett) und die mit Hilfe des Gravitationslinseneffekts gemessene Verteilung der Dunklen Materie (blau).

damit zur damaligen Zeit der Rekordhalter. Möglich war diese Entdeckung nur deshalb, weil die scheinbare Helligkeit ihrer beiden Bilder – wie von Zwicky vorhergesagt – durch den Gravitationslinseneffekt um das 25-Fache verstärkt wurde. Gravitationslinsen wirken wie natürliche Teleskope.

Eingehend untersucht wurde auch der 1987 von Lynds und Petrosian entdeckte Prototyp Abell 370. In diesem rund 4,8 Milliarden Lichtjahre entfernten Haufen rasen bis zu 1000 Galaxien mit Geschwindigkeiten von mehr als 1000 Kilometer pro Sekunde umher. Auf Hubble-Aufnahmen sind mehr als hundert helle Bögen und Mehrfachbilder erkennbar, Chandra offenbart zudem das heiße Röntgengas (Abbildung 2.13). Mit dem Gravitationslinseneffekt fand man eine Gesamtmasse von etwa 10^{14} Sonnenmassen. Doch die Galaxien tragen nur etwa ein Prozent zur Gesamtmasse bei, das heiße Gas weitere acht Prozent. 90 Prozent sind unsichtbar.

Abb. 2.14: Röntgengas (pinkfarben) und Dunkle Materie (blau) im Bullet-Cluster. Das Gas und die Dunkle Materie sind nach der Kollision der beiden Galaxienhaufen deutlich voneinander getrennt.

Stand heute gibt es für einige Dutzend Galaxienhaufen vollständige Daten für die insgesamt enthaltenen Massen sowie separat für den Gasanteil und die in den Galaxien vorhandenen Sterne. In allen Fällen liegt der Anteil des Gases und der Sterne zusammengenommen knapp über zehn Prozent.

DER BULLET-CLUSTER: EIN LABOR FÜR ASTRONOMEN

Im August 2004 richteten Astronomen das Röntgenteleskop Chandra 140 Stunden lang auf einen 3,8 Milliarden Lichtjahre entfernten Galaxienhaufen mit der prosaischen Bezeichnung 1E 0657-56. Hubble-Aufnahmen belegten, dass es sich um zwei klar voneinander getrennte Haufen handelt. Die Röntgenaufnahme offenbarte nun, was geschehen war (Abbildung 2.14): Vor rund 100 Millionen Jahren stießen die beiden Haufen zusammen. Da die einzelnen Galaxien sehr weit voneinander entfernt sind, überstanden sie die Kollision schadlos. Die beiden Haufen durchquerten einander und strebten wieder voneinander fort. Das ehemals in den Haufen vorhandene Gas aber prallte mit etwa 4500 Kilometer pro Sekunde zusammen, verklumpte sich und wurde abgebremst.

Das liegt vor allem daran, dass es überwiegend aus ionisiertem Wasserstoffgas besteht. Die Atome haben ihre Elektronen verloren und fliegen als elektrisch positiv geladene Protonen umher. Deshalb wirken zwischen ihnen starke elektrisch abstoßende Kräfte. Auf der Chandra-Aufnahme befinden sich die beiden Gaswolken deshalb nicht mehr in ihren Haufen, sondern in einer „Knautschzone" zwischen ihnen. Gleichzeitig haben aber Beobachtungen des Gravitationslinseneffekts die Verteilung der Dunklen Materie enthüllt. Und diese ist weiterhin an die Haufen gebunden. Die Dunkle-Materie-Halos haben sich demnach völlig ohne Reibung durchquert.

Da sich die beiden Haufen wie Geschosse durchdrungen und dabei die Gaswolken gewissermaßen als Pulverdampf hinterlassen haben, nannten die Forscher diesen Doppelhaufen Bullet-Cluster nach dem englischen Wort für Geschoss. Er ist eine Art Rosetta-Stein für die Dunkle-Materie-Forschung, denn es ist nun völlig offensichtlich, dass es sich bei der Dunklen Materie nicht um ein gewöhnliches Gas handeln kann. Solche Systeme sind astrophysikalische Laboratorien für die Untersuchung der Eigenschaften und der Wechselwirkung dieser ominösen Teilchen miteinander. Der Bullet-Cluster demonstriert, dass sich die Dunkle-Materie-Teilchen überhaupt nicht gegenseitig stören.

Mittlerweile wurden weitere kollidierende Galaxienhaufen entdeckt, in denen man ebenfalls dieses unterschiedliche Verhalten von nor-

Abb. 2.15: Auch im Galaxienhaufen El Gordo stimmt die Massenverteilung des Röntgengases (pinkfarben) nicht mit derjenigen der Dunklen Materie (blau) überein.

maler und Dunkler Materie beobachtet, zum Beispiel beim Cluster mit dem Spitznamen El Gordo (Abbildung 2.15). Die Massenverteilung in den Haufen gilt als starkes Indiz für die Existenz der unsichtbaren Substanz und lässt sich nicht mit einer Abänderung des Gravitationsgesetzes erklären, die einige Astrophysiker als Alternative zu Dunkler Materie propagieren (Kapitel 8). Wegen ihrer nahezu verschwindenden Wechselwirkung nennt man die unsichtbaren Teilchen Weakly Interacting Massive Particles (WIMPs). Darin steckt auch ein Wortspiel mit dem englischen Wort „wimp", zu Deutsch: Schwächling. WIMPs müssen eine neue Klasse von Elementarteilchen bilden, die im jungen Universum entscheidend dazu beigetragen hat, dass sich aus dem Urgas Galaxien und Galaxienhaufen bilden konnten, wie wir im folgenden Kapitel sehen werden.

TESTS VON DUNKLE-MATERIE-MODELLEN MIT GRAVITATIONSLINSEN

Interview mit Simona Vegetti

Simona Vegetti, geboren 1980 in Aosta, Italien, erhielt 2005 ihren Master in Physik an der Universität Turin und promovierte fünf Jahre später an der Universität Groningen in den Niederlanden. Anschließend ging sie für zwei Jahre an das Massachusetts Institute of Technology in Cambridge, USA, und wechselte 2013 auf eine Postdoc-Stelle an das Max-Planck-Institut für Astrophysik in Garching. Seit 2021 ist sie dort Leiterin einer Lise-Meitner-Exzellenzgruppe. 2017 erhielt sie einen ERC Starting Grant (eine europäische Förderung von herausragenden Nachwuchsforschern), um das massearme Ende der „Halomassenfunktion" zu messen. Sie beschreibt die Halohäufigkeit in Abhängigkeit von der Masse. Zudem testet Vegetti Vorhersagen zur kalten Dunklen Materie – den langsamen und schweren WIMPs.

Frage: Sie analysieren Aufnahmen von Gravitationslinsen und bestimmen daraus die Masse und räumliche Verteilung der Dunklen Materie. Welche Beobachtungsgrößen sind hierfür am wichtigsten, welche sind am genauesten messbar?

Vegetti: Ein massearmer Halo innerhalb der linsenden Galaxie im Vordergrund entlang der Sichtlinie bewirkt eine örtlich begrenzte und geringe Änderung der Positionen der Linsenbilder. Deshalb sind zwei Aspekte besonders kritisch: Zum einen die Winkelauflösung, also die Detailschärfe, mit der wir Positionsänderungen auf kleinen Skalen erkennen können. Zum anderen benötigen wir ein hohes Signal-zu-Rausch-Verhältnis der gelinsten Bilder, das heißt, die Bögen müssen möglichst deutlich erkennbar sein, weil sonst gerade kleine Änderungen verborgen sein können.

Frage: Was ist die typische Winkelauflösung Ihrer Massenmodelle?

Vegetti: Die meisten der bekannten Gravitationslinsensysteme wurden mit dem Weltraumteleskop Hubble oder mit der adaptiven Optik am Keck-Observatorium beobachtet. Je nach Filter liegt die Winkelauflösung bei diesen Beobachtungen zwischen 0,07 und 0,16 Bogensekunden. Damit können wir bestenfalls massearme Halos mit mehr als etwa 300 Millionen Sonnenmassen nachweisen.

Frage: Können die Beobachtungen von Gravitationslinsen Aufschluss über die Eigenschaften der Dunklen Materie geben? Kann man zum Beispiel zwischen kalter und warmer Dunkler Materie, die aus schnelleren und leichteren Teilchen besteht, unterscheiden?

Vegetti: In allen Modellen für Dunkle Materie bildeten sich die Strukturen im Universum hierarchisch von unten nach oben. Zuerst entstanden kleine Halos aus Dunkler Materie, die dann zu größeren Strukturen miteinander verschmolzen. Obwohl die meisten kleinen Strukturen dabei zerstört und vollständig absorbiert wurden, kann doch eine beträchtliche Anzahl von ihnen bis zum heutigen Tag überlebt haben. Ein interessanter Aspekt dieser massearmen Halos ist, dass ihre Häufigkeit stark von den Eigenschaften der Dunklen Materie abhängt. Wenn die Teilchen wärmer und schneller sind, bilden sie unterhalb einer bestimmten Größe keine Strukturen aus. Die Überprüfung der Halomassenfunktion ist deshalb eine der robustesten Methoden, um zwischen kalter und warmer Dunkler Materie zu unterscheiden. Am stärksten weichen die Vorhersagen der beiden Modelle unterhalb von etwa 100 Millionen Sonnenmassen voneinander ab, und die Unterschiede werden größer, je massearmer die Halos sind. Es wird jedoch erwartet, dass Halos mit diesen geringen Massen dunkel sind. Sie besitzen keine Sterne und kein Gas und können daher nicht direkt beobachtet werden. Streng genommen kann man also das massearme Ende der Halomassenfunktion nicht beobachten.

Frage: Hier kommen Gravitationslinsen ins Spiel.

Vegetti: Genau. Ein massearmer Halo innerhalb der Vordergrundgalaxie beeinflusst das Gravitationspotenzial. Das wiederum verändert die Eigenschaften der Linsenbilder lokal im Vergleich zu einer Abbildung ohne massearmen Halo. Da dieses

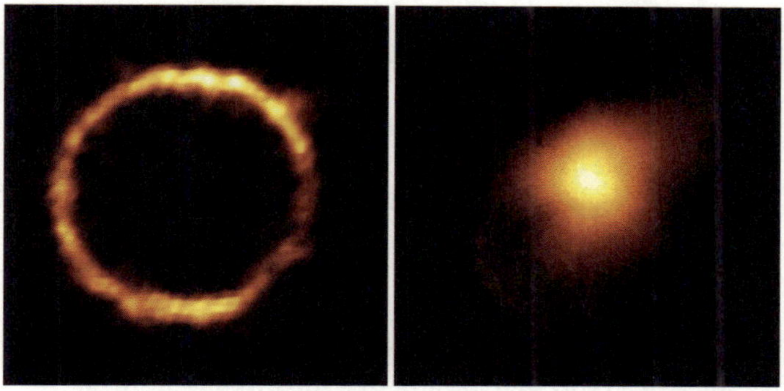

Abb. 2.16: Die mit dem Observatorium ALMA aufgenommene Galaxie SPT0418-47 erscheint durch den Gravitationslinseneffekt als Einstein-Ring (links). Mit einem Materiemodell der Linse konnte Simona Vegettis Doktorandin Francesca Rizzo die wirkliche Form der Galaxie rekonstruieren (rechts). Wir sehen sie nun so, wie sie 1,4 Milliarden Jahre nach dem Urknall aussah. Sie weist mindestens zwei Merkmale auf, die für unsere Milchstraße typisch sind: eine rotierende Scheibe und einen zentralen Bulge. Damit ist SPT0418-47 das am weitesten entfernte, der Milchstraße ähnliche Objekt.

Phänomen rein gravitativ ist, ermöglicht es uns, rein dunkle Halos zu entdecken und Modelle der Dunklen Materie zu testen. Um zwischen kalter und warmer Dunkler Materie unterscheiden zu können, müssten wir aber wie gesagt Halos mit weniger als 100 Millionen Sonnenmassen nachweisen. Da sind wir noch nicht ganz. Lediglich das Very Long Baseline Interferometer erzielt bei einer Beobachtungswellenlänge im Radiobereich von 1,8 Zentimetern eine Winkelauflösung von fünf Millibogensekunden. Solche Beobachtungen sind aber sehr selten.

Frage: Einerseits sollte es Dunkle-Materie-Halos ohne Sterne geben, andererseits scheint es aber auch Zwerggalaxien ohne Dunkle Materie zu geben. Können Sie dies mit Gravitationslinsen bestätigen?

Vegetti: Im Prinzip ja. Wenn eine Galaxie mit Dunkler Materie als Gravitationslinse fungiert, kann man ihre Gesamtmasse aus einer Linsenmodellanalyse und ihre Sternmasse aus direkten

Beobachtungen der Gesamthelligkeit messen. Der Vergleich dieser beiden Methoden liefert den Anteil an Dunkler Materie. In der Praxis ist dies bei Zwerggalaxien sehr schwierig, weil sie meist keine starken Linsen sind. Diese Zwerggalaxien ohne Dunkle Materie haben in der Fachwelt viele Diskussionen ausgelöst. Eine mögliche Erklärung ist, dass diese Sternsysteme durch die Wechselwirkung mit anderen Galaxien ihren Dunkle-Materie-Halo verloren haben.

Frage: Sie beschreiben als eines Ihrer Forschungsziele das Zusammenspiel zwischen der Physik der Dunklen Materie und baryonischen Prozessen sowie dessen Auswirkungen auf die Strukturbildung. Was bedeutet das konkret?

Vegetti: Eine weitere Möglichkeit, Dunkle-Materie-Modelle mit starken Gravitationslinsen zu testen, besteht darin, die Gesamtmassenverteilung in den innersten Regionen der Linse und der Quellgalaxie zu bestimmen. Vor etwa 20 Jahren kam die Idee selbstwechselwirkender Dunkler Materie auf. Anders als die kalte Dunkle Materie des kosmologischen Standardmodells soll sie aus Teilchen bestehen, die miteinander wechselwirken. Damit will man erklären, warum die Dichte zu den Zentren von Galaxien hin nicht so stark ansteigt, wie es die Modelle der kalten Dunklen Materie vorhersagen. Eine andere Erklärung zieht komplizierte astrophysikalische Phänomene in Betracht, wie Supernova-Explosionen und Aktivitäten von supermassereichen Schwarzen Löchern in Galaxienzentren. Sie könnten einen Einfluss auf die zentrale Massenverteilung in einer Galaxie, also das Dichteprofil, haben. Allerdings wissen wir nicht genau, wie sich die Wechselwirkungen zwischen Dunkler und normaler Materie in Gas und Sternen auf die zentrale Materieverteilung auswirken. Wenn wir diese Wechselwirkung besser verstehen, können wir das zentrale Dichteprofil von Galaxien als Sonde für die Eigenschaften der Dunklen Materie verwenden. Wenn man andererseits die Eigenschaften der Dunklen Materie, wie ich oben beschrieben habe, aus der Massenfunktion der Halos ableiten könnte, könnte man das zentrale Dichteprofil nutzen, um die astrophysikalischen Auswirkungen einzuschränken und somit Galaxienbildungsmodelle zu testen.

Frage: Sie entwickeln neue Ansätze für die Modellierung von Gravitationslinsen und die Analyse von Daten mit hoher Winkelauflösung. Was bedeutet das konkret?

Vegetti: Bei der optischen Beobachtung handelt es sich bei den Daten im Wesentlichen um die Anzahl der Photonen in jedem einzelnen CCD-Pixel, wie bei einem digitalen Foto. Es gibt aber auch interferometrische Messungen, bei denen ein Objekt mit mehreren Teleskopen gleichzeitig beobachtet und die Daten phasengerecht überlagert werden. Dadurch erzielen wir eine sehr hohe Auflösung. In diesem Fall erhalten wir aber kein einfaches Bild der Quelle, sondern eine komplexe Größe, die mit einer Fourier-Transformation analysiert wird. Die Gravitationslinsenmodellierung interferometrischer Daten wird damit aus rechnerischer Sicht komplexer. Daher entwickeln wir neue und effiziente Techniken in Bezug auf Speicherplatz und Rechengeschwindigkeit. Der Aufwand lohnt sich aber, weil Beobachtungen mit dem Very Long Baseline Interferometer mit einer Winkelauflösung von fünf Millibogensekunden, wie erwähnt, die derzeit beste Chance sind, sehr massearme Halos zu entdecken.

Frage: Worauf konzentrieren Sie sich im Moment in Ihrer Forschung? Was sind Ihre Forschungsziele für die Zukunft?

Vegetti: Ich arbeite intensiv an den beschriebenen Problemen der Dunklen Materie, erweitere meine Interessen aber auch auf andere Aspekte wie kosmische Magnetfelder und die Frage, wie man starke Gravitationslinsen einsetzen kann, um das Magnetfeld in fernen Galaxien zu messen. In naher Zukunft erwarte ich ungeduldig die Daten des Euclid-Teleskops, das 2022 starten soll und voraussichtlich mehrere tausend neue Gravitationslinsensysteme liefern wird. Und dann hoffen wir alle auf das Extremely Large Telescope. Es wird mit seinem 40-Meter-Spiegel die nötige Winkelauflösung besitzen, um Modelle der Dunklen Materie zu testen, wie es derzeit nicht möglich ist.

KAPITEL 3

GALAXIENBILDUNG AUS DEM URGAS

Zu Beginn der 1980er-Jahre setzte sich die Vorstellung durch, dass es sich bei der Dunklen Materie um eine unbekannte Art von Teilchen handeln muss. Man bezeichnet diese Materie als nichtbaryonisch. Aufwendige Computersimulationen zeigen, wie sie die Entstehung des kosmischen Galaxiennetzes unterstützt hat.

Die alten Fragen der Kosmologie sind noch heute aktuell wie eh und je. Hat das Universum einen zeitlichen Beginn und wie wird es enden? Ist es unendlich ausgedehnt oder in sich geschlossen? Wie ist der Raum gekrümmt und wie viel Materie beinhaltet er? Hierüber haben Mathematiker, Physiker und Astronomen schon vor einem Jahrhundert leidenschaftlich diskutiert. Beginnen wir wieder mit einem historischen Rückblick und starten beim wichtigsten Protagonisten Albert Einstein. Ohne seine Allgemeine Relativitätstheorie wäre unser modernes Weltbild undenkbar.

GRAVITATION ALS EIGENSCHAFT VON RAUM UND ZEIT

Im Jahr 1905 hatte Einstein in seiner Speziellen Relativitätstheorie Raum und Zeit in einem ganz neuen Licht erscheinen lassen. Sie waren keine festen Größen mehr, sondern veränderten sich mit der Geschwindigkeit eines Beobachters: Je schneller sich jemand bewegt, desto langsamer vergeht für ihn zum Beispiel die Zeit. Außerdem fand Einstein heraus, dass Energie E und Materie m sich ineinander umwandeln lassen. Die berühmte Formel $E = mc^2$ drückt dies aus, wobei c für die Lichtgeschwindigkeit steht. Man könnte Materie bildhaft als „verfestigte Energie" bezeichnen.

Alle Gesetze der Speziellen Relativitätstheorie galten jedoch ausdrücklich nur für Körper, die sich mit gleichbleibender Geschwindigkeit bewegen. Ende des Jahres 1915 veröffentlichte Einstein eine weitere Arbeit, in der er nun auch gleichmäßig beschleunigte Bewegungen in das bisherige Weltbild mit einbezog. Das Ergebnis war eine neue Theorie der Schwerkraft, die Allgemeine Relativitätstheorie. Der entscheidende Gedanke war Einstein schon 1907 gekommen. „Ich saß auf meinem Stuhl im Patentamt in Bern. Plötzlich hatte ich einen Einfall: Wenn sich eine Person im freien Fall befindet, spürt sie ihr eigenes Gewicht nicht. Ich war verblüfft. Dieses einfache Gedankenexperiment machte auf mich einen tiefen Eindruck. Es führte mich zu einer Theorie der Gravitation."

Einstein faszinierte die Vorstellung, dass die Schwerkraft im freien Fall, in dem sich ein Körper beschleunigt bewegt, aufgehoben ist. Schwerkraft und Beschleunigung sind demnach „wesensverwandt". Physikalisch lassen sie sich gar nicht voneinander unterscheiden, wie man sich leicht klarmachen kann. Wenn ein Mensch in einem rundum geschlossenen Kasten steht, kann er nicht entscheiden, ob er auf dem Erdboden ruht und die Schwerkraft ihn nach unten zieht, oder

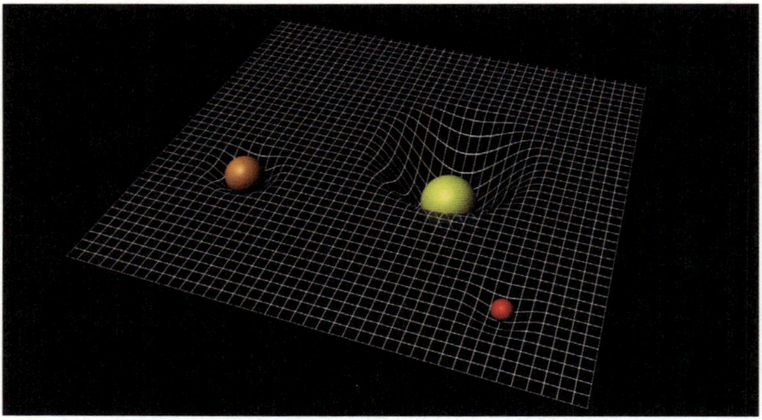

Abb. 3.1: Die Gravitation ist eine Krümmung von Raum und Zeit. Der Raum ist hier zweidimensional dargestellt.

ob der Kasten ein Raumschiff ist, das sich stark beschleunigt nach oben bewegt und ihn deshalb auf den Boden drückt. Aus dieser sogenannten Äquivalenz von Schwerkraft und Beschleunigung lassen sich viele der erstaunlichen Erkenntnisse der Allgemeinen Relativitätstheorie ableiten. Hierzu ein weiteres Gedankenexperiment.

Stellen wir uns ein Raumschiff vor, in dem ein Lichtstrahl von der linken zur rechten Wand läuft. Fliegt die Rakete mit gleichbleibender Geschwindigkeit, so läuft der Lichtstrahl in gerader Linie von einer Wand zur anderen, denn nach der Speziellen Relativitätstheorie ist ein gleichmäßig fliegendes Raumschiff von einem ruhenden nicht zu unterscheiden. Nun zünden die Triebwerke, die Rakete wird beschleunigt: Während der Lichtstrahl die Kabine durchquert, schießt die Rakete beschleunigt nach oben. Als Folge davon trifft der Strahl etwas weiter unten auf die rechte Wand als zuvor. Aus der Sicht eines mitfliegenden Astronauten legt das Licht eine gekrümmte Strecke zurück. Nach dem Äquivalenzprinzip sind physikalische Effekte bei beschleunigter Bewegung und Schwerkrafteinfluss aber gleich. Demnach wird auch Licht durch die Schwerkraft abgelenkt. Diese Erkenntnis war für Einstein ganz entscheidend. Nach jahrelangem Grübeln kam er zu dem Schluss, dass Materie nicht nur Lichtwege krümmt, sondern den Raum um sich herum verbiegt (Abbildung 3.1). Bereits im letzten Kapitel haben wir gesehen, dass es deshalb kosmische Gravitationslinsen gibt.

DER STREIT UM DAS WELTBILD UND EINSTEINS GRÖSSTE ESELEI

Dass die Gravitation eine Eigenschaft von Raum und Zeit ist, genauer gesagt, der Geometrie von Raum und Zeit, ist der faszinierendste Aspekt der Allgemeinen Relativitätstheorie. Darin ist die Gravitation nämlich einzigartig: Alle anderen Naturkräfte wirken in der Zeit und im Raum. Die Gravitation *ist* Raum und Zeit. Der Physiker und Nobelpreisträger Max von Laue schrieb dazu, die gekrümmte Raumzeit „ist keineswegs eine mathematische Erfindung, sondern eine allen physikalischen Vorgängen zugrunde liegende Realität. Diese Erkenntnis ist Albert Einsteins größte Leistung."

Im Jahr 1916 beschäftigte sich Einstein mit der Frage, wie die Raumkrümmung des gesamten Universums sei. Dabei ging es von Anfang an um astronomische, mathematische und auch philosophische Aspekte. Die Gleichungen der Allgemeinen Relativitätstheorie sind erheblich anspruchsvoller als die der klassischen Theorie Newtons. Es traten mathematische Schwierigkeiten bei dem Versuch auf, die Formeln auf ein unendlich ausgedehntes Weltall anzuwenden. Dieses Problem umging Einstein, indem er das Universum endlich machte – genauer gesagt: räumlich endlich, aber unbegrenzt. Die Materiedichte sollte so groß sein, dass der Raum in sich gekrümmt ist, ähnlich wie die Oberfläche einer Kugel.

Außerdem war Einstein der Überzeugung, dass das Universum statisch sein müsse. Dies schloss er aus astronomischen Beobachtungen, nach denen sich die Sterne nur mit kleinen Geschwindigkeiten relativ zur Sonne bewegten. Im Großen und Ganzen schienen sie sich weder voneinander zu entfernen noch aufeinander zuzustreben. Man bedenke, dass zu dieser Zeit noch nicht bekannt war, dass das Universum mit möglicherweise unendlich vielen Galaxien erfüllt ist, die sich voneinander entfernen. Diese Entdeckung gelang Edwin Hubble erst Jahre später, wie wir in Kapitel 1 gesehen haben.

Das Kugeluniversum führte indes zu einem Problem: Die Feldgleichungen der Gravitation besaßen keine stabilen Lösungen für einen statischen Raum. Einstein fand jedoch eine Lösung, indem er eine kleine, aber entscheidende Veränderung vornahm: Er fügte eine Konstante hinzu, was an der Allgemeingültigkeit der Gleichungen nichts änderte. (Für Fachleute: Es handelte sich um eine Integrationskonstante.) In seiner Arbeit vom 8. Februar 1917 schrieb er am Schluss: Um zur Lösung eines statischen Raumes zu gelangen, „mussten wir allerdings eine neue, durch unser tatsächliches Wissen von der Gravitation nicht gerechtfertigte Erweiterung der Feldgleichungen der Gravitation einführen. […] Das Letztere haben wir nur nötig, um eine quasistatische Verteilung der Materie zu ermöglichen, wie es der Tatsache der kleinen Sterngeschwindigkeiten entspricht." Der Schwachpunkt dieses Tricks war Einstein immer bewusst: Es war völlig unklar, welche physikalische Bedeutung diese Kosmologische Konstante haben sollte. Gerade darüber entbrannte eine heftige Diskussion, die heute mit der Frage nach der Dunklen Energie verknüpft ist.

„Vom Standpunkt der Astronomie ist es natürlich ein geräumiges Luftschloss, das ich da gebaut habe", schrieb Einstein seinem Kollegen Willem de Sitter und fügte eine Abschätzung über die Größe des Universums bei. Aus astronomischen Beobachtungen über die Anzahl und Dichte der Sterne leitete Einstein eine mittlere Dichte ab und erhielt daraus einen Weltradius von zehn Millionen Lichtjahren. Da man nach seiner Meinung nicht weiter als etwa 10.000 Lichtjahre weit beobachten konnte, ließ sich die wahre Geometrie des Universums nicht feststellen. Dennoch fragte er sich, ob es möglich sei, Sterne am Himmel zu sehen, die sich genau auf der „anderen Seite" des Kugeluniversums befänden, also gewissermaßen stellare Antipoden waren. Man kann sich das etwa so veranschaulichen: Man stelle sich Einsteins Universum wie die Oberfläche der Erde vor. Stehen wir nun an einem der beiden Pole, so sollte uns das Licht eines Leuchtturms, der am anderen Pol steht, aus allen Richtungen erreichen. Denn in diesem Bild, in dem man den dreidimensionalen Weltraum auf eine zweidimensionale Oberfläche reduziert, könnte sich Licht nur entlang der Oberfläche ausbreiten. Übrigens führt Einstein in diesem Brief an de Sitter selbst den bis heute und auch in diesem Buch beliebten Vergleich des gekrümmten Raumes mit einem Tuch ein.

Doch de Sitter äußerte bereits Bedenken an der Möglichkeit eines statischen Universums. Allein, es fehlte an belastbaren astronomischen Beobachtungen. Im Juni 1922 ging dann bei der *Zeitschrift für Physik* die Arbeit eines Mathematikers und Meteorologen namens Alexander Friedmann aus Leningrad *Über die Krümmung des Raumes* ein. Friedmann schloss aus einer rein mathematischen Analyse, dass Einsteins statisches Kugeluniversum ein instabiler Sonderfall ist, wohingegen eine unendlich große Zahl theoretisch möglicher Lösungen für die Krümmung und die zeitliche Entwicklung des Universums existiert (Abbildung 3.3). Zum einen traten Universen auf, die einen zeitlichen Beginn besitzen, sich ausdehnen oder zusammenziehen. Er fand sogar eine Welt, die periodische Expansions- und Kontraktionszyklen durchläuft. Welche Lösung die Realität richtig beschreibt, hängt von der Größe der mittleren Materiedichte und der Kosmologischen Konstante ab. Da über Letztere nichts bekannt war, konnte sie entweder null, positiv oder negativ sein. Eine positive Kosmologische

Abb. 3.2: Alexander Friedmann fand heraus, dass die Einstein-Gleichungen ein Universum beschreiben, das sich entweder ausdehnt oder zusammenzieht.

Konstante wirkt wie ein Druck, der den Raum auseinandertreibt und beschleunigt expandieren lässt. Eine negative Konstante unterstützt die Gravitation und bremst die Ausdehnung.

Friedmann stellte am Schluss fest, dass die astronomischen Kenntnisse „vollständig ungenügend" seien, um die Frage nach dem richtigen Weltmodell zu entscheiden. Er konnte jedoch der Versuchung nicht widerstehen, unter der groben Annahme einer bestimmten Gesamtmasse im Universum die „Lebensdauer" des zyklischen Universums zu berechnen und kam auf zehn Milliarden Jahre.

Einstein reagierte darauf zweimal. Am 18. September 1922 ging bei der *Zeitschrift für Physik* eine kurze Notiz von ihm ein, in der er schrieb: „Die in der zitierten Arbeit enthaltenen Resultate bezüglich einer nichtstationären Welt erschienen mir verdächtig. In der Tat zeigt sich, dass jene gegebene Lösung mit den Feldgleichungen nicht verträglich ist." Er unterstellte Friedmann also einen Rechenfehler.

Am 6. Dezember setzte Friedmann Einstein in einem Brief seine Rechnungen und Argumentation ausführlich auseinander. Von der Richtigkeit seiner Ausführungen überzeugt bat er Einstein am Schluss, bei der *Zeitschrift für Physik* eine Richtigstellung einzureichen. Dieser

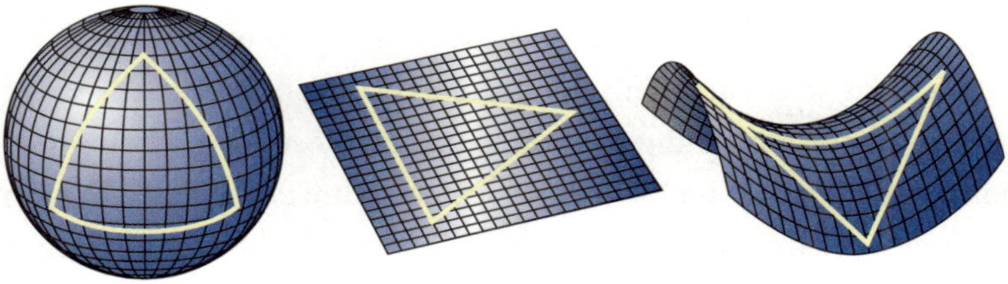

Abb. 3.3: Die Krümmung des Universums hängt von der mittleren Materiedichte ab, hier dargestellt als Ω dem Quotienten aus der tatsächlichen mittleren Dichte und der kritischen Dichte. Ist die mittlere Dichte gleich der kritischen Dichte, ist das Universum flach.

korrigierte sich daraufhin am 31. Mai 1923. „Ich habe in einer früheren Notiz an der genannten Arbeit Kritik geübt. Mein Einwand beruhte aber [...] auf einem Rechenfehler. Ich halte Herrn Friedmanns Resultate für richtig und aufklärend. Es zeigt sich, dass die Feldgleichungen neben den statischen auch dynamische [...] Lösungen für die Raumstruktur zulassen." Doch Einstein hielt Friedmanns Lösungen der expandierenden oder oszillierenden Universen nur aus rein mathematischen Betrachtungen heraus für möglich. Eine physikalische Bedeutung maß er ihnen nicht bei. Auch eine zweite Veröffentlichung Friedmanns im Jahr 1924 änderte an dieser Einstellung nichts. Friedmann konnte die Diskussion nicht weiterführen, er starb 1925 im Alter von nur 37 Jahren.

Während Einstein an seinem Modell des statischen Universums eisern festhielt, bröckelte die Front der Mitstreiter. Der Mathematiker Hermann Weyl zum Beispiel sah darin keine unbedingte Notwendigkeit. So mussten die Werte der Materiedichte und der Kosmologischen Konstante exakt aufeinander abgestimmt sein, damit sie sich die Waage hielten und den Raum vor der Expansion oder Kontraktion bewahrten. Einsteins Lösung besaß ein labiles Gleichgewicht, ähnlich wie ein Bleistift nur kurz auf seiner Spitze stehen bleibt, bevor er in irgendeine Richtung umfällt. Einstein verteidigte noch bis 1931 sein Modell des statischen Universums, doch so recht zufrieden war er mit der dafür notwendigen Einführung der Kosmologischen Konstante nie. Einfacher und schöner erschienen ihm die Feldgleichungen stets in ihrer ursprünglichen, „reinen" Form. Wohl auch deswegen schrieb er im Mai 1923 auf einer Postkarte an Hermann Weyl die schon legendären Worte: „Wenn schon keine quasistatische Welt, dann fort mit dem kosmologischen Glied." Doch noch hielt er an seiner unveränderlichen Kugelwelt fest.

Der nächste hartnäckige Angriff auf Einsteins statisches Universum kam aus Belgien – von einem Priester. Der aus einer katholischen Familientradition stammende Georges Lemaître wollte Geistlicher werden, sein Vater bestand jedoch darauf, dass er ein Ingenieurstudium aufnehmen sollte. 1920 promovierte Lemaître in Physik und Mathematik, wurde 1927 Professor an der Universität Löwen und widmete sich – glücklicherweise entgegen dem väterlichen Wunsch – bis an sein Lebensende der Kosmologie. Als Geistlicher hat er nie in einem kirchlichen Amt gearbeitet und legte auch großen Wert darauf, die physikalische Forschung und Glaubensfragen streng voneinander zu trennen.

Im Rahmen eines akademischen Jahres traf Lemaître in den USA mit den führenden Astronomen zusammen, darunter auch Arthur Eddington und Edwin Hubble. Schon während seines Priesterseminars hatte er sich mit der Allgemeinen Relativitätstheorie beschäftigt. Wie zuvor Friedmann stieß auch er auf die Lösungen der Feldgleichungen, in denen sich die Raumzeit ausdehnt. Die Veröffentlichung in einem unbedeutenden Journal wurde jedoch zunächst nicht zur Kenntnis genommen.

Im Jahr 1927 hoffte Lemaître, Einstein persönlich auf dem Solvay-Kongress in Brüssel von seinen Ergebnissen berichten zu können.

Abb. 3.4: Georges Lemaître (Mitte) und Albert Einstein (rechts) trafen sich 1927 auf dem Solvay-Kongress und diskutierten heftig über die Urknallhypothese. Ebenfalls im Bild ist Robert Millikan (links).

Tatsächlich sprach Einstein ihn während eines Spaziergangs in einem Park an, weil er Lemaîtres Arbeit auf Anraten eines Freundes gelesen hatte. Wie schon in der Affäre Friedmann akzeptierte Einstein wohl die Ergebnisse, fand sie aber vom physikalischen Standpunkt aus abscheulich, wie sich Lemaître später erinnerte. Lemaître berichtete Einstein auch von wichtigen astronomischen Beobachtungen und gewann dabei den Eindruck, dass dieser in der aktuellen Forschung nur schlecht Bescheid wusste. Vermutlich machte Einstein andererseits Lemaître auf Friedmanns Arbeiten aufmerksam, die dieser nicht kannte. Lemaître verfolgte seine Forschung konsequent weiter. Vier Jahre später brachte dann die britische Fachzeitschrift *Monthly Notices of the Royal Astronomical Society* die Arbeit in englischer Übersetzung heraus.

Die entscheidende Wende in diesem historischen Ringen um das Weltbild erfolgte im Januar 1929 mit Edwin Hubbles Entdeckung der Galaxienflucht. Hubble erörterte in seiner Veröffentlichung zwar durchaus die Frage, ob sich aus den bis dahin vorliegenden Beobachtungsdaten wichtige kosmologische Größen wie die Ausdehnung des sichtbaren Universums und dessen Krümmungsradius ableiten ließen. In erster Linie sah er sich jedoch stets als rein beobachtenden Astronomen. Bis zu seinem Lebensende hat er nie von sich behauptet, Wegbereiter der Urknalltheorie gewesen zu sein.

Lemaître hingegen war sofort klar, dass sich in der Galaxienflucht ein expandierendes Weltall widerspiegelt: Die Raumzeit dehnt sich aus, das heißt, alle Abstände zwischen Objekten im Universum vergrößern sich. Die Ausdehnungsrate ist gekennzeichnet durch die heute so genannte Hubble-Konstante. Lemaître ging in seiner Interpretation noch weiter und schrieb im Mai 1931 in der Zeitschrift *Nature*: „Wir könnten uns den Beginn des Universums in Form eines einzigen Atoms vorstellen, dessen Atomgewicht der Gesamtmasse des Universums entspricht."

Die Beweislage für ein expandierendes Universum war erdrückend, so dass schließlich auch Einstein die Theorie akzeptierte. Damit benötigte er die ungeliebte Kosmologische Konstante nicht länger. Später soll er laut dem Physiker George Gamow deren Einführung als seine „größte Eselei" (englisch: biggest blunder) bezeichnet haben. Die Formeln, die ein expandierendes Universum beschreiben, heißen heute Friedmann-Lemaître-Gleichungen.

DIE KOSMISCHE HINTERGRUNDSTRAHLUNG: DER HEILIGE GRAL

Die Urknallhypothese hingegen wurde lange Zeit kaum beachtet, den Astronomen blieb sie weithin suspekt. Dies änderte sich mit dem Aufkommen der Kernphysik und der Frage, wie die chemischen Elemente in die Welt gekommen sein könnten. Ende der 1930er-Jahre beschäftigte sich Carl Friedrich von Weizsäcker mit der *Elementumwandlung im Inneren der Sterne*. Seine Idee war, dass in einem heißen Gas bei hohen Drücken und Temperaturen immer schwerere Elemente aufgebaut würden. Dies sollte so vor sich gehen, dass bereits vorhandene Atomkerne immer mehr Neutronen aus der Umgebung aufnehmen und durch anschließenden Betazerfall anwachsen. Von Weizsäcker schätzte ab, dass die Elementsynthese im Temperaturbereich zwischen fünf Milliarden und 20 Billionen Grad ablaufen sollte.

Es war der aus der Sowjetunion in die USA emigrierte Physiker George Gamow, der die neue Vorstellung der Elementsynthese mit der Urknalltheorie verknüpfte. Erstmals äußerte Gamow seine Gedanken dazu 1942 auf einer Tagung, wo sie allerdings auf wenig Gegenliebe stießen. Es gab nämlich ein grundsätzliches Problem mit der Urknalltheorie: Der damalige Wert der Hubble-Konstante, welche die Expansionsrate des Universums beschreibt, führte zu einem geringeren Weltalter als die Altersbestimmung der Erde aus geophysikalischen Beobachtungen – ein offensichtlicher Widerspruch. Gamow verteidigte die Urknalltheorie jedoch, da sich mit ihr die Entstehung der Elemente erklären ließ. Seine 1946 veröffentlichte Theorie blieb allerdings zunächst ohne Resonanz.

Gamow ging davon aus, dass das Urgas zu Beginn extrem heiß war und sich nach dem Urknall rasch ausdehnte. Dabei sanken die Temperatur und die Dichte, allerdings in unterschiedlichem Maß: Die Materiedichte nahm mit dem Volumen ab, also mit R^3, wobei wir mit R eine beliebige Längeneinheit bezeichnen. Die Energiedichte der Strahlung verdünnte sich jedoch mit R^4, weil mit der Expansion des Raumes die Wellenlänge im gleichen Maße gedehnt wird. Die Energie E nimmt nämlich umgekehrt proportional zur Wellenlänge λ ab: $E = h \cdot c/\lambda$, wobei h das Plancksche Wirkungsquantum bezeichnet. Deshalb verringerte sich die Strahlungsdichte also schneller als die der Materie.

Abb. 3.5: George Gamow (Mitte) gab dem Urzustand des Universums die scherzhafte Bezeichnung Ylem. Links ist Robert Herman zu sehen, rechts Ralf Alpher.

Bei Temperaturen von einigen Milliarden Grad bildeten sich laut Gamow die Elemente in sehr kurzer Zeit. Zusammen mit seinem Doktoranden Ralph Alpher und dem Kollegen Robert Herman berechnete er, dass der Aufbauprozess etwa 20 Sekunden nach dem Urknall begonnen haben muss, als die Dichte im Universum rund eine Tonne pro Kubikzentimeter betrug. Vorher war die Temperatur noch so hoch, dass ein Kernteilchenpaar (Neutronen oder Protonen), das sich zufällig zusammengefunden hatte, sofort wieder durch den Beschuss anderer energiereicher Teilchen zerstört wurde. Nach 15 Minuten bis drei Stunden sollte der Vorgang beendet und damit der gesamte Grundstoff für das Universum fertig synthetisiert gewesen sein.

Die bahnbrechende Arbeit mit dem Titel *The Origin of Chemical Elements* vom 1. April 1948 in der Zeitschrift *Physical Review* rief ein starkes Presseecho hervor. Verantwortlich zeichneten drei Autoren: Alpher, Bethe und Gamow. Alpher verlor sich mit der Zeit im Schatten seiner bekannten Mitautoren, denn allgemein wurde dieser große Durchbruch Gamow und dem aus Deutschland emigrierten Hans Bethe zugeschrieben. Bethe war aber an diesen Arbeiten gar nicht wesentlich beteiligt gewesen. Der für seinen Humor bekannte Gamow hatte ihn nur deswegen mit aufgenommen, damit er die Veröffentlichung kurz Alpha-Beta-Gamma-Arbeit nennen konnte – ein Name, der sich bis heute gehalten hat. Den Urzustand des Universums im Zeitpunkt Null nannte Gamow nach einer alten Bezeichnung von Aristoteles Ylem.

Heute ist Gamows Vorstellung von der Synthese der leichtesten Elemente Wasserstoff, Helium und Lithium im heißen Feuerball des Urknalls durch die ermittelten chemischen Häufigkeiten im Wesentlichen bestätigt. Darüber hinaus unterstützen die gefundenen Häufigkeiten die These der nichtbaryonischen Natur der Dunklen Materie, wie wir in Kapitel 5 noch sehen werden.

Die Alpha-Beta-Gamma-Arbeit war der Grundstein für die Weiterentwicklung der Urknalltheorie unter Einbeziehung neuester kernphysikalischer Erkenntnisse. Gleichzeitig fragten sich Theoretiker nun auch, wie aus dem heißen Urgas die heutigen Sterne und Galaxien entstehen konnten. In Moskau ging Jewgeni Lifschitz dieser Frage nach, auch Gamow unternahm frühe Versuche. Er argumentierte, dass sich Strukturen erst dann bilden konnten, als die Dichte der Strahlung in etwa der Dichte der Materie entsprach, was nach zehn Millionen Jahren bei einer Temperatur von einigen tausend Grad der Fall gewesen sein müsse. Eine für die damalige Zeit erstaunlich gute Vorhersage.

Auch Alpher und Herman untersuchten die Entwicklung des expandierenden Universums weiter und kamen zu dem Schluss, dass es sich heute bis auf etwa fünf Kelvin (Grad über dem absoluten Nullpunkt) abgekühlt haben müsse. Dasselbe galt auch für jene Strahlung, die im Urknall vorhanden war und sich bis heute im Universum befindet. Alpher und Herman sagten deshalb voraus, dass diese aus allen Himmelsrichtungen kommende Strahlung eine Wellenlänge von etwa einem Mikrometer besitzen müsse. Die 1948 in der *Physical Review* erschienene Pionierarbeit wurde indes kaum beachtet. Nicht besser erging es einer 1964 erschienen Veröffentlichung der sowjetischen Kosmologen Andrei Doroschkewitsch und Igor Nowikow. Sie wiesen darauf hin, dass man diese „Reliktstrahlung“ sogar beobachten können müsse. Die Arbeit erschien in einer sowjetischen Zeitschrift und wurde ebenfalls ignoriert. Ein Jahr später gelang jedoch die Entdeckung, die der Urknalltheorie zum Durchbruch verhelfen sollte. Zufall und Hartnäckigkeit hatten ihre Hand im Spiel.

Beim Betrieb von Antennen der Bell Telephone Laboratories in Holmdel, New Jersey, war aufgefallen, dass sich trotz aller Anstrengungen ein Hintergrundrauschen, ähnlich wie bei einem schlecht eingestellten Radio, nicht ausschalten ließ. Arno Penzias und Robert Wilson waren damit beauftragt, die Ursache dieser lästigen Störung zu finden. Doch sie hatten keinen Erfolg. Das Signal kam aus allen Himmelsrichtungen mit gleicher Intensität und zeigte über fast ein Jahr hinweg keinerlei Veränderungen. Penzias und Wilson gingen allen möglichen Ursachen nach, selbst Vogelmist kratzten sie von der Antenne ab. Aber das Rauschen blieb.

Zur gleichen Zeit beschäftigten sich in Princeton die Kosmologen Robert Dicke, dessen ehemaliger Doktorand James Peebles, Peter Roll und David Wilkinson mit der Theorie des expandierenden Universums. Peebles schrieb im März 1965 eine Arbeit, in der er auch die kosmische Hintergrundstrahlung und deren möglichen Nachweis diskutierte. Diese Arbeit gelangte zu Penzias, wie Wilson sich später in seinem Nobelvortrag erinnerte: „Kurz nach der Übersendung des Preprints besuchten uns Dicke und seine Mitarbeiter, um unsere Messungen zu diskutieren und unsere Geräte zu sehen. Sie waren schnell von der Genauigkeit unserer Messungen überzeugt. Wir einigten uns auf eine beiderseitige Veröffentlichung von zwei Arbeiten im *Astrophysical Journal*.“ Tatsächlich hatte Dicke sogar bereits den Bau eines Radiometers zur Messung der Hintergrundstrahlung geplant, Penzias und Wilson waren ihm zuvorgekommen. Sie hatten den Nachhall des Urknalls zufällig entdeckt.

Abb. 3.6: Arno Penzias und Robert Wilson vor der Hornantenne, mit der sie die kosmische Hintergrundstrahlung entdeckten

Im Mai reichten die beiden Gruppen ihre Arbeiten ein, wenig später erschienen sie hintereinander in derselben Ausgabe. Eine Pressemitteilung der Bell Labs begann mit den Worten: „Hinweise, die eine neue kosmologische Theorie des Universums unterstützen könnten, die kürzlich von der Princeton University vorgeschlagen wurde, wurden in den Bell Telephone Laboratories beobachtet."

Diese Entdeckung und ihre richtige Erklärung sind ein Meilenstein in der modernen Kosmologie. Penzias und Wilson wurden dafür 1978 mit dem Nobelpreis für Physik geehrt, die anderen Pioniere Alpher, Hermann, Gamow, Dicke, Roll und Wilkinson gingen leer aus. Der Vater der Urknalltheorie Georges Lemaître erfuhr ein Jahr vor seinem Tod von der bahnbrechenden Entdeckung. Späte Anerkennung für seine vielen Beiträge zur Kosmologie und insbesondere zur Theorie der Dunklen Materie erfuhr James Peebles mit der Verleihung des Physiknobelpreises im Jahr 2019.

Abb. 3.7: James Peebles, Physik-Nobelpreisträger 2019

DUNKLE MATERIE ALS GEBURTSHELFER

Vergegenwärtigen wir uns noch einmal etwas genauer den Ursprung der kosmischen Hintergrundstrahlung. Durch die beständige Expansion kühlte sich das Universum unablässig ab. Als es nach 380.000 Jahren eine Temperatur von etwa 3000 Grad erreicht hatte, bewegten sich die Teilchen so langsam, dass Atomkerne Elektronen einfangen und sich so die ersten Atome bildeten konnten. Diese Phase war nach rund 40.000 Jahren abgeschlossen, nun war aus dem Plasma ein neutrales Gas geworden. Man nennt diesen neuen Abschnitt in der Evolution des Universums Rekombinationsära, weil damals Kerne und Elektronen rekombinierten (sich vereinigten). Bis dahin wurde die Strahlung vor allem an den Elektronen gestreut, wie Licht an Nebeltröpfchen. Jetzt aber waren die Elektronen aus dem Spiel, und die Strahlung konnte sich ungehindert bewegen: Der Nebel lichtete sich, das Universum wurde durchsichtig.

Eine große Zahl an Photonen wurde nun für immer frei. Sie bewegen sich seitdem durch das Universum und erfüllen es wie ein homogenes Gas. In jedem Kubikzentimeter gibt es rund 400 Photonen aus dieser frühen Ära des Universums. Diese fast 14 Milliarden Jahre alten Zeugen berichten uns heute als kosmische Hintergrundstrahlung über die Kindheit des Universums.

Als die Strahlung frei wurde, besaß sie wie das Gas eine Temperatur von 3000 Grad. Durch die nachfolgende Expansion des Raumes kühlte sie sich bis heute auf genau 2,72548 Kelvin ab. Im gleichen Maß hat sich auch ihre Wellenlänge bis heute auf das 1100-Fache vergrößert. Man kann auch sagen, sie besitzt eine Rotverschiebung von 1100, was gleichzeitig bedeutet, dass das Universum damals etwa ein 1100-stel der heutigen Größe besaß.

Es war klar, dass die kosmische Hintergrundstrahlung ein Schlüssel zum Verständnis der Entstehung und Entwicklung des Universums ist. Es galt, ihr so viele Informationen wie möglich zu entlocken. Tatsächlich entdeckte man, dass die Temperatur der Strahlung ungefähr in Richtung des Virgo-Galaxienhaufens gegenüber der Durchschnittstemperatur um rund ein Promille erhöht und auf der entgegengesetzten Seite des Himmels um den gleichen Betrag erniedrigt ist. Ursache ist eine Bewegung unseres Sonnensystems und somit auch der Erde relativ zur Hintergrundstrahlung mit etwa 370 Kilometer pro Sekunde. Durch den Doppler-Effekt erscheint die Wellenlänge der Strahlung in dieser Richtung verkürzt und in der entgegengesetzten verlängert. Dies entspricht einer Erhöhung beziehungsweise Erniedrigung der gemessenen Temperatur. Dieser Beobachtungsbefund sagte also nichts über das Urgas aus.

Abgesehen von dieser sogenannten Dipolanisotropie fanden die Astrophysiker bis Ende der 1980er-Jahre keine weiteren Strukturen in der Hintergrundstrahlung. Sie erwies sich über den gesamten Himmel als außergewöhnlich gleichmäßig. Je genauer die Messungen wurden, desto mehr wurde diese Gleichförmigkeit zum Problem, was den nachfolgend beschriebenen Grund hatte.

Bevor sich die Kerne und Elektronen zu Atomen zusammenschlossen, stieß die Strahlung unablässig mit den Teilchen zusammen und verhinderte, dass sich zufällig auftretende Verdichtungen im Gas durch die Schwerkraft weiter zusammenziehen konnten. Die Photonen boxten solche Zusammenballungen förmlich wieder auseinander. Erst als das Gas durchsichtig und die heute sichtbare Hintergrundstrahlung frei wurde, änderte sich die Situation. Durch Zufall entstandene Verdichtungen zogen über die Schwerkraft mehr Materie von außen an und wuchsen immer weiter bis zu den heutigen Galaxien und Galaxienhaufen – so die Idee. Man erwartete deshalb, diese ersten Gasverdichtungen als Flecken in der Hintergrundstrahlung sehen zu können. Aus physikalischen Gründen müssen sich nämlich Dichteschwankungen als Temperaturschwankungen äußern, und nur die kann man prinzipiell messen. Die Variationen sollten im Zehntel-Promillebereich um den Mittelwert auftreten. Doch nichts dergleichen wurde beobachtet. Die Hintergrundstrahlung blieb bis auf ein zehntel Promille makellos.

Einfache Abschätzungen zeigten, dass sich Galaxien nur dann innerhalb einer realistischen Zeitspanne aus den damaligen Kondensationen bilden konnten, wenn deren Dichteunterschied wesentlich größer war. Das Urgas war viel zu einförmig. Wenn sich ein Gas zusammenzieht, erhitzt es sich und baut damit einen Gegendruck auf, der die weitere Kontraktion bis hin zu Sternen und Galaxien verlangsamt oder gar verhindert. Diese Erwärmung ist eine Folge der Wechselwirkung der Atome miteinander. Ein Gas kann sich auch wieder abkühlen, zum Beispiel durch Strahlung. Dies geschieht auf folgende Weise: Wenn Atome zusammenstoßen, kann das äußere Elektron in ein höheres Energieniveau gehoben werden. Fällt es anschließend wieder in seinen Grundzustand zurück, sendet es ein Strahlungsteilchen aus. Wenn dieses die heiße Gaswolke verlassen kann, hat es Energie mitgenommen und damit der Wolke entzogen. Doch diesen

Prozess hatten die Theoretiker in ihre Rechnungen bereits miteinbezogen. Die fehlenden Dichteschwankungen wurden zum grundlegenden Problem.

Diese Krise rief erneut James Peebles auf den Plan. 1982 löste er sie mit einem gewagten Kunstgriff: Er postulierte eine unbekannte Art von Teilchen, welche die Entstehung von Galaxien unsichtbar unterstützte. Wie sollte das funktionieren? Diese „Geburtshelfer-Materie" musste folgende Eigenschaft besitzen: Ihre Teilchen wechselwirkten – abgesehen von der Gravitation – nicht miteinander und auch nicht mit den Atomen, so dass sie auch bei Kontraktion kalt blieben. Dadurch konnten sie sich zu großen Wolken verdichten und wirkten als Schwerkraftfallen, in welche die normale Materie hineinströmte und schließlich doch kühlen und sich weiter verdichten konnte. Aber die Dunkle Materie sendet kein Licht aus und verschluckt es auch nicht. Damit ist sie vollkommen unsichtbar und taucht auch nicht als Temperaturschwankung in der Hintergrundstrahlung auf. „Das Problem wird entschärft, wenn das Universum von massereichen, schwach wechselwirkenden Teilchen dominiert wird", schrieb Peebles in seiner Arbeit. Er zitierte hierbei fairerweise auch eine Gruppe von Physikern um Andrei Doroschkewitsch, Raschid Sunjajew und Jakow Borissowitsch Seldowitsch, die Neutrinos als Kandidaten für diese Teilchen in Betracht zogen.

Damit hatte Peebles den noch heute verwendeten Begriff des „Weakly Interacting Massive Particle", kurz WIMP, geschaffen. Außerdem sagte er voraus, dass bei der Mitwirkung von WIMPs die Temperaturschwankungen in der Hintergrundstrahlung erst bei 10^{-6}, also einem tausendstel Promille, auftauchen sollten. Damit hatte er für die beobachtenden Kosmologen die Anforderungen sehr hoch gehängt. Doch sie wurden erreicht.

Im November 1989 startete der Cosmic Background Explorer, COBE, in eine Erdumlaufbahn, wo er außerhalb der störenden Atmosphäre vier Jahre lang die Hintergrundstrahlung beobachtete. Bereits nach wenigen Minuten hatte COBE bessere Daten gesammelt als alle vorherigen Experimente zusammen. Zwei Ergebnisse waren von herausragender Bedeutung.

Erstens: Die Temperatur konnte auf exakt 2,725 Kelvin bestimmt werden. Das Spektrum wies im Rahmen der Messgenauigkeit von einem Promille die Form des Planckschen Strahlungsgesetzes auf. Physiker schließen daraus, dass sich das Gas damals im thermischen Gleichgewicht befunden haben muss, ganz so, wie man es erwartet hatte. Damit war bewiesen, dass die Strahlung nicht etwa von weit entfernten Radioquellen stammen konnte, die ein anderes Spektrum aufweisen.

Sensationell war die zweite Entdeckung, die der Projektleiter George Smoot vom Lawrence Berkeley Laboratory im Frühjahr 1992 auf der Tagung der Amerikanischen Physikalischen Gesellschaft in Washington bekanntgab: Eine Karte der Hintergrundstrahlung zeigte die vorhergesagten Flecken. Ihre Temperaturschwankungen von einigen zehntausendstel Grad und weniger waren die lang gesuchten Klumpen im Urgas, die „Saat kosmischer Strukturen". Die Nachricht schlug ein wie eine Bombe, und im Jahr 2006 erhielten Smoot und sein Kollege John Mather für diese fundamentale Entdeckung – manche sprachen vom „Fingerabdruck Gottes" – den Physiknobelpreis.

Der Erfolg spornte Forscher an, die Hintergrundstrahlung noch genauer zu untersuchen. So besaß COBE eine Winkelauflösung von lediglich sieben Grad. Würde man mit dieser Auflösung die Erde fotografieren, so würde ganz Deutschland gerade einmal auf ein Pixel fallen. Doch die Flecken auf der Himmelskarte beinhalten auf kleineren Skalen sehr viele Informationen. Das hatten schon 1970 Peebles, Sunjajew und Seldowitsch vorhergesagt.

Nach dem Urknall wurde das Plasma aus Elektronen und Protonen von zufällig auftretenden Überdichten der Dunklen Materie gravitativ angezogen. Je tiefer das Plasma in diesen Gravitationstopf hineinfiel, desto dichter wurde es. Dann übten auch die Photonen einen anwachsenden Druck aus und trieben das Plasma wieder auseinander. Diese gegeneinander wirkenden Kräfte der Gravitation und des Drucks erzeugten Schwingungen, die sich ähnlich einer Schallwelle mit einer charakteristischen Geschwindigkeit im Plasma ausbreiteten. Man erwartete nun, in der kosmischen Hintergrundstrahlung vor allem Flecken einer bestimmten Größe zu sehen. Diese typische Größenskala entspricht der Distanz, die eine Dichtestörung im Plasma (eine Schwingung) seit dem Urknall bis zum Zeitpunkt der Rekombination zurücklegen konnte. Sie ergibt sich also gerade aus dem Produkt der Schallgeschwindigkeit mit dem Alter des Universums zu dieser Zeit. Rechnungen führten damals auf eine Größe von etwa 230.000 Lichtjahren.

Es sollte aber auch kleinere Flecken geben, die gewissermaßen die Obertöne der Schwingungen darstellen. Die Aufgabe bestand also darin, die Anzahl der Flecken in Abhängigkeit von ihrer Größe zu zählen. Das Ergebnis ist das bereits 1970 von Peebles berechnete Leistungsspektrum, in dem die Häufigkeiten der Flecken bestimmter Größe als Maxima und Minima auftreten (Abbildung 3.8).

Die ungeradzahligen Maxima werden durch baryonische Materie verursacht, die in Gravitationssenken fällt. Die geradzahligen Maxima entsprechen Dekompressionen des baryonischen Gases, ausgelöst durch den entgegenwirkenden Strahlungsdruck. Je mehr baryonische Materie, desto tiefer der Sturz in das Gravitationspotenzial und desto ausgeprägter ist das erste Maximum relativ zum zweiten. Der zweite Buckel repräsentiert den Anteil der normalen Materie – bei größerer Dichte wäre er niedriger, bei geringerer höher. Der dritte Buckel ist wiederum die Folge einer Kompression, gefolgt von einer Dekompression und dann einer weiteren Kompression des Photonen-Baryonen-Gemisches. Die Dunkle Materie prallte nach der ersten Kompres-

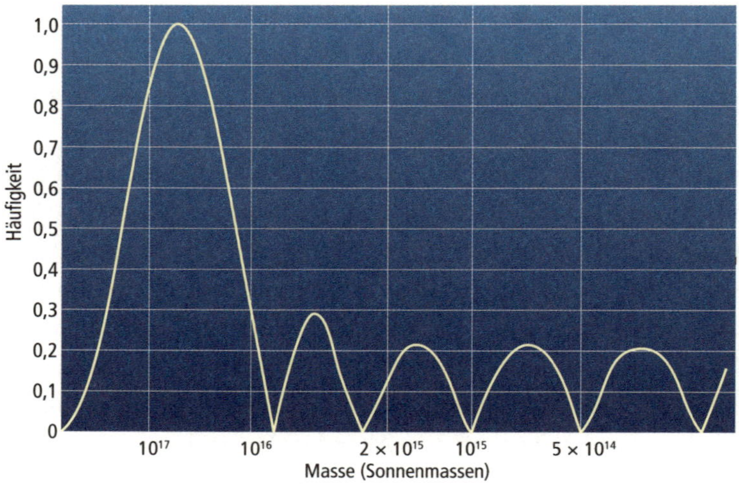

Abb. 3.8: Das 1970 von James Peebles berechnete Leistungsspektrum der kosmischen Hintergrundstrahlung

sion nicht zurück, weil sie von der Strahlung unbeeinflusst ist. Sie verdichtet sich deshalb mehr als die normale Materie und wirkt für diese verstärkt als Gravitationsfalle. Aus der Höhe des dritten Maximums leitet man daher die Menge der Dunklen Materie ab.

Da wir diese Flecken allerdings nur als Winkelgröße am Himmel messen, spielt neben den physikalischen Prozessen im jungen Universum auch die Geometrie – also die Krümmung – des Universums eine entscheidende Rolle. Diese beeinflusst den Verlauf von Lichtstrahlen durch das All und dadurch den Winkel, unter dem uns die Flecken heute erscheinen (Abbildung 3.9). In einem positiv gekrümmten Einsteinschen Kugeluniversum würde die gleiche Verdichtung unter einem größeren Winkel erscheinen als in einem flachen, ungekrümmten Raum. Dass eine positiv gekrümmte Geometrie den Winkel vergrößert, unter dem ein Körper erscheint, lässt sich anschaulich dadurch verdeutlichen, dass die Winkelsumme eines auf

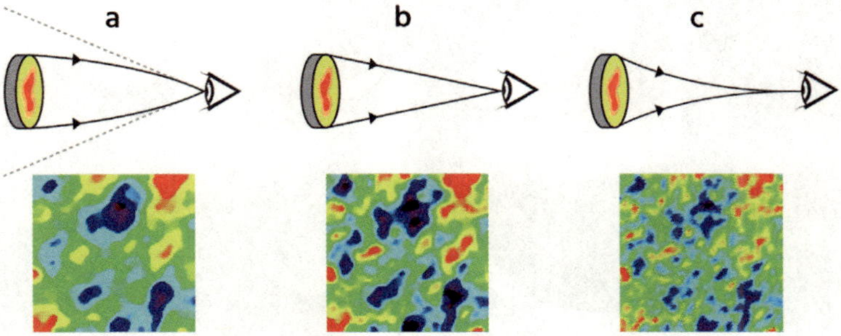

Abb. 3.9: Die Winkelgröße der Flecken in der kosmischen Hintergrundstrahlung hängt auch von der Krümmung des Universums ab. Bei einer positiven Krümmung erscheinen Winkel größer (a), bei einer negativen kleiner (c) als in einem flachen Universum (b).

eine Kugel projizierten Dreiecks in einem solchen Raum stets größer als 180 Grad ist. Bei negativ gekrümmter Geometrie (Winkelsumme kleiner als 180 Grad) erscheint der Fleck unter einem kleineren Winkel. Im Leistungsspektrum äußert sich die Raumkrümmung in der Position des ersten Buckels.

Das Leistungsspektrum der Hintergrundstrahlung beinhaltet also sowohl Informationen über den physikalischen Zustand des frühen Universums als auch über die Geometrie des Raumes. Nun wird wohl verständlich, warum die kosmische Hintergrundstrahlung als der Heilige Gral der Kosmologie gilt.

Aus diesen Überlegungen ergibt sich für die dominanten Flecken eine Größe von etwa einem Grad, wollte man auch die kleineren Flecken sehen, war eine Auflösung von fünf Bogenminuten nötig, also über 80-mal genauer als COBE. Kleinere Strukturen sollten nicht auftreten. Damit waren die Anforderungen an nachfolgende Tele-

Abb. 3.10: Hat die bislang genaueste Karte der kosmischen Hintergrundstrahlung geliefert: das Weltraumteleskop Planck der ESA

skope gestellt. Ein großer Erfolg war die 2001 gestartete Raumsonde Wilkinson Microwave Anisotropy Probe (WMAP) der NASA, welche die Hintergrundstrahlung am gesamten Himmel bei fünf Wellenlängen mit einer Auflösung von maximal 13 Bogenminuten aufnahm. Die genaueste Kartierung in neun Wellenlängen, mit bis zu fünf Bogenminuten Auflösung und einer gegenüber WMAP verbesserten Empfindlichkeit, erreichte das Weltraumteleskop Planck der ESA, das 2009 gestartet wurde (Abbildung 3.10). Aus seinen Daten ließen sich die wichtigsten kosmologischen Größen mit einer Genauigkeit von weniger als einem Prozent bestimmen. „Einst war die Kosmologie ein Fach voller unbegründeter Spekulationen und wenigen Daten. Heute ist sie eine exakte mathematische Wissenschaft, bei der immer genauere Beobachtungen eine Schlüsselrolle spielen. Die Ära der Entdeckungen ist noch nicht vorbei", schrieb das Nobelkomitee anlässlich der Verleihung seines Preises an James Peebles.

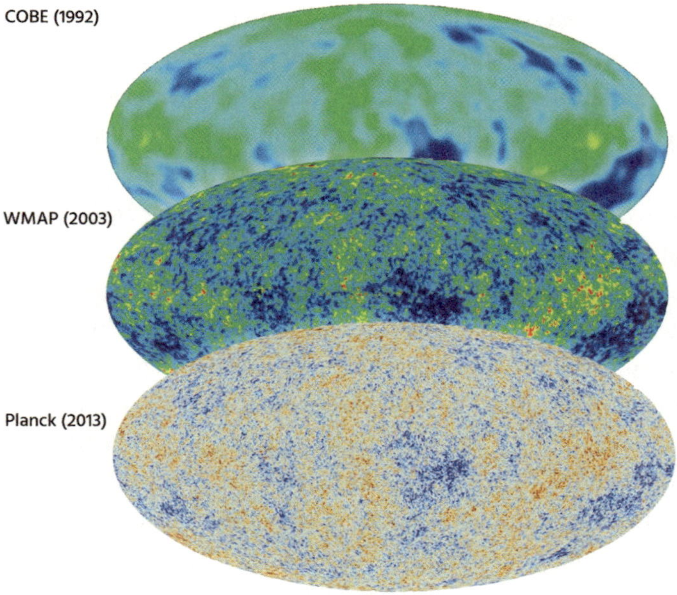

Abb. 3.11: Die mit COBE, WMAP und Planck gemessenen Karten der kosmischen Hintergrundstrahlung

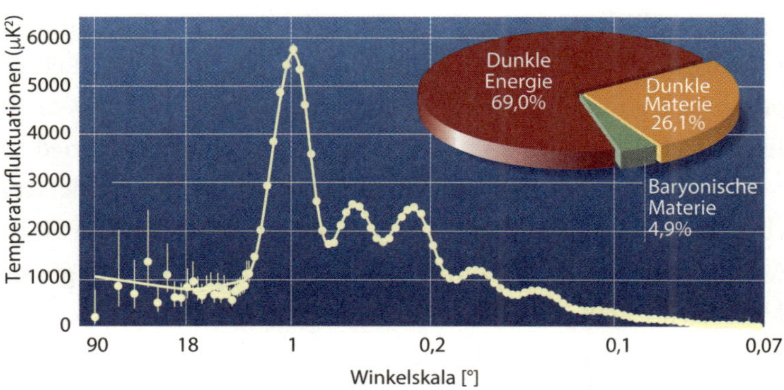

Abb. 3.12: Das mit Planck gemessene Leistungsspektrum der kosmischen Hintergrundstrahlung. Daraus lassen sich die Dichteanteile der Dunklen Materie und der Dunklen Energie zu rund 26 und 69 Prozent ermitteln.

Aus dem gemessenen Leistungsspektrum (Abbildung 3.12) lässt sich ablesen, dass die Dunkle Materie mit 26 Prozent gegenüber der normalen Materie mit knapp fünf Prozent dominiert. Es zeigt aber darüber hinaus, dass den Löwenanteil mit rund 70 Prozent die Dunkle Energie stellt. Sie ist nicht Gegenstand dieses Buches. Da sie aber fester Bestandteil des kosmologischen Standardmodells ist, werden wir im nächsten Kapitel noch einmal genauer auf sie zurückkommen. An dieser Stelle sei nur gesagt, dass die Dunkle Energie der Gravitation entgegenwirkt und zu einer beschleunigten Expansion des Kosmos führt. Mit ihr ist Einsteins „größte Eselei" wieder in die Kosmologie zurückgekehrt. Man kann sich die Wirkung der Dunklen Energie bildlich vorstellen wie ein Überdruck im Kochtopf. Mit der Formel $E = mc^2$ lässt sich ihre Dichte in eine Massendichte umrechnen. Addiert man zu diesem Wert die Dichte der normalen und der Dunklen Materie hinzu, so kommt man auf 99,9 Prozent der kritischen Dichte Ω. Innerhalb der kleinen Messfehler ist das Universum also flach.

Es sei noch erwähnt, dass es eine Schwierigkeit bei der Bestimmung der kosmologischen Parameter aus dem Leistungsspektrum gibt: Unterschiedliche Kombinationen dieser Parameter können ähnliche Leistungsspektren liefern. So lässt dieses beispielsweise auch ein positiv gekrümmtes, geschlossenes Einstein-Universum zu, wenn die Expansionsrate um etwa 15 Prozent verringert und die Materiedichte um etwa 30 Prozent erhöht würde. Dieser Möglichkeit widersprechen aber andere Messergebnisse von Supernovae oder dem Gravitationslinseneffekt. Erst unter Einbeziehung aller verfügbaren Messdaten entfalten die Planck-Daten ihre volle Wirkung. Sie haben entscheidend zu unserem heutigen kosmologischen Standardmodell beigetragen, in dem die wichtigsten Größen mit einer traumhaften Genauigkeit bekannt sind (Tabelle „Kosmologische Größen gemäß den Daten des Planck-Teleskops (2018)").

Kosmologische Größen gemäß den Daten des Planck-Teleskops (2018)

Anteil baryonische Materie Ω_B	0,04858 % ± 0,00068 %
Anteil Dunkle Materie Ω_{CDM}	0,2607 % ± 0,0038 %
Anteil Dunkle Energie Ω_Λ	0,6899 % ± 0,0056 %
Krümmungsparameter Ω_K	0,0007 % ± 0,0019 %
Hubble-Konstante H_0	67,66 ± 0,42 km s^{-1} Mpc^{-1}
Weltalter	13,787 ± 0,040 · 10^9 Jahre
Obere Grenze für die Summe der Neutrinomassen	0,12 eV

DIE BILDUNG GROSSRÄUMIGER STRUKTUREN

Schon kurz nach der Entdeckung der kosmischen Hintergrundstrahlung wurde die Frage immer drängender, wie sich aus dem Urgas die Galaxien und Galaxienhaufen bilden konnten. Peebles und Kollegen gingen diese Frage analytisch an, also gewissermaßen mit Papier und Bleistift. Ab Mitte der 1970er-Jahre nutzten Theoretiker aber auch zunehmend Computer, um das Verhalten von Materie zu studieren. Die ersten Simulationen konnten nur mit wenigen tausend Masseteilchen gerechnet werden, was naturgemäß ein recht grobes Bild lieferte. 1983 waren immerhin schon eine Million Teilchen möglich. Dabei verfolgte man, wie sich diese unter dem Einfluss der Schwerkraft in einem expandierenden Raum bewegen und kleine Ansammlungen bilden. Wenn eine Materiewolke so groß geworden war, dass ihre Gravitation stärker war als die Expansion, zog sie immer mehr Materie an und verdichtete sich zunehmend.

Das Ergebnis verglich man mit der beobachteten Verteilung von Galaxien im Universum. Hierfür stand ab 1982 die erste große Him-

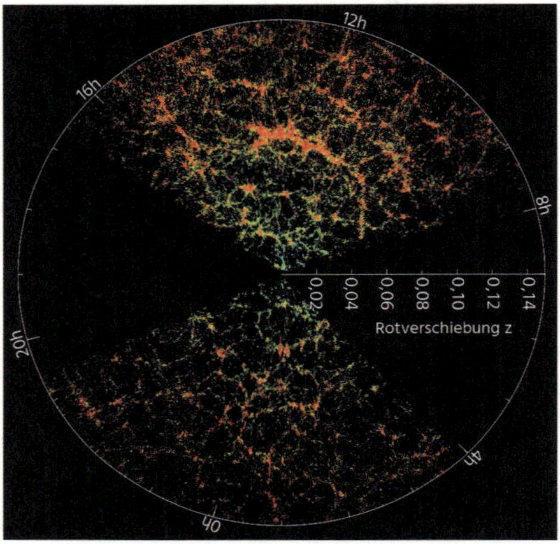

Abb. 3.13: Die großräumige Struktur des Universums, gemessen mit dem Sloan Digital Sky Survey. Z bezeichnet die Rotverschiebung (englisch: redshift): Je größer sie ist, umso entfernter sind die Galaxien. In Stunden angegeben ist die Rektaszension, eine der beiden Himmelskoordinaten.

melsdurchmusterung von Forschern des Center for Astrophysics in Harvard zur Verfügung. Sie hatten von 2400 Galaxien die Himmelspositionen und Entfernungen gemessen und daraus die erste große 3D-Karte erstellt mit einem erstaunlichen Ergebnis: „Die räumliche Verteilung der Galaxien ist schaumig, gekennzeichnet durch große filamentäre Superhaufen von bis zu 60 Megaparsec Ausdehnung und entsprechend große Löcher ohne Galaxien." (60 Megaparsec entsprechen etwa 200 Millionen Lichtjahren.) Dieser Survey offenbarte also eine überraschende großräumige Struktur: Galaxien sammeln sich in Gruppen und Haufen unterschiedlicher Größe. Diese sind wiederum miteinander zu Supergalaxienhaufen verbunden, die eine blasenartige Struktur aus „Fäden" und „Wänden" bilden und große Leerräume umschließen, ähnlich wie Schaum.

Damals deuteten die Daten diese Struktur nur an, nachfolgende Himmelskartierungen haben das Bild jedoch eindrucksvoll bestätigt. Die größte dreidimensionale Karte des Universums mit der räumlichen Verteilung von zwei Millionen Galaxien und Quasaren lieferte nach 20 Jahren Arbeit im Jahr 2020 der Sloan Digital Sky Survey des Apache Point Observatory (Abbildung 3.13). Diese Karte reicht bis in die Zeit zurück, als das Universum knapp drei Milliarden Jahre alt war. Das ermöglichte einen interessanten Test im Zusammenhang mit den Ergebnissen der kosmischen Hintergrundstrahlung.

Wie wir gesehen haben, treten die größten Schwankungen in der Hintergrundstrahlung bei einer Winkelgröße von einem Grad auf. Diese Fluktuationen haben sich zu den Wänden von Galaxien und Hohlräumen entwickelt und sollten heute eine typische Größe von 500 Millionen Lichtjahren aufweisen. Hierbei muss man bedenken, dass sich die Expansion auf kosmologisch kleinen Skalen nicht bemerkbar macht. So überwiegt innerhalb unseres Sonnensystems und der Milchstraße die Gravitation bei Weitem; sie werden also nicht durch die Expansion gedehnt. Dies geschieht erst auf Skalen von sehr großen Galaxienhaufen und Superhaufen.

Im Rahmen des Baryon Oscillation Spectroscopic Survey (BOSS) haben Forscher aus den Daten des Sloan Digital Sky Survey statistisch die Ausdehnung der großräumigen Strukturen untersucht, und das nicht nur im heutigen Universum, sondern auch in der Vergangenheit. Dies ermöglichte es, die Expansionsgeschwindigkeit des Raums über die letzten Jahrmilliarden hinweg zu rekonstruieren. Diese Analysen liefern genaue Werte für kosmologische Größen wie die Hubble-Konstante, den Anteil der Materie und die Dominanz der Dunklen Energie. Die bisherigen Ergebnisse stimmen mit der Annahme überein, dass sich der Wert der Dunklen Energie in den letzten Jahrmilliarden nicht verändert hat, sondern eine unveränderliche Größe ist, eine kosmologische Konstante. Sie erweist sich heute sogar als Hauptakteur im Kosmos mit einem Anteil von rund 70 Prozent an der gesamten Energiedichte. Allerdings bewirkt sie nicht, wie von Einstein erhofft, ein statisches Universum, sondern lässt es beschleunigt expandieren. Doch kommen wir zurück zu den Computersimulationen der Galaxienentstehung.

Für Aufregung sorgte 1980 die Meldung einer Gruppe von Moskauer Physikern. Sie behaupteten, experimentell nachgewiesen zu haben, dass Elektronneutrinos (eine von drei Neutrinoarten) eine Masse von 30 Elektronvolt besitzen sollten. Elektronvolt ist eigentlich eine Energieeinheit. Nach Einsteins Formel $E = mc^2$ sind Energie und Masse jedoch äquivalent und lassen sich ineinander umrechnen. Zum Vergleich: Elektronen besitzen eine Masse von 511.000 Elektronvolt. Damit wären Elektronneutrinos zwar extrem leicht, aber wegen ihrer enormen Häufigkeit besäßen sie zusammen genügend Masse, um im Universum die kritische Dichte zu erreichen. Dann wäre der Raum in sich geschlossen wie im Einstein-Universum.

Das Moskauer Ergebnis erwies sich wenig später zwar als falsch, es verlieh der Forschung aber einen starken Auftrieb, weil man in Neutrinos mögliche Kandidaten für die Dunkle Materie vermutete. Zur damaligen Zeit war es unklar, wie schwer die Dunkle-Materie-Teilchen sind. Die Masse hat aber einen entscheidenden Einfluss auf die frühe Entstehung der großen kosmischen Strukturen. Sehr leichte Teilchen wie Neutrinos bewegen sich fast mit Lichtgeschwindigkeit und werden deswegen heiße Teilchen genannt. Schwere Teilchen, etwa mit der Masse eines Atomkerns, bewegen sich wesentlich langsamer und werden deshalb als kalt bezeichnet. Wie äußert sich das in der kosmischen Struktur?

Sehr schnelle, heiße Dunkle-Materie-Teilchen konnten nicht zu kleinen Ansammlungen verklumpen. Nur sehr große Wolken, für deren Durchquerung die Teilchen viel Zeit benötigten, blieben bestehen und konnten sich verdichten. Schon die ersten Computersimulationen zeigten, dass Modelle mit heißen Teilchen zu viele große und zu wenig kleine Strukturen ausbildeten. Es hätten sich also zuerst die Megastrukturen gebildet und viel später darin die Galaxien. Ein solches Szenario wird jedoch nicht beobachtet.

Als man dieses Problem erkannt hatte, setzte man alle Hoffnungen auf kalte Dunkle Materie. Mit ihrer Hilfe konnte sich die Materie zu kleineren Wolken verdichten. Da sich kleine Klumpen schneller zusammenziehen als große, entstanden zuerst Galaxien, dann Haufen und danach Superhaufen. Man spricht deshalb auch von einem Bottom-up-Modell, da sich die Materie von kleinen zu immer größeren Strukturen zusammenlagert. Simulationen mit kalten WIMPs schienen die beobachtete Galaxienverteilung im Universum gut zu beschreiben.

Teilchenphysiker brachten zudem eine weitere Möglichkeit ins Spiel: warme Dunkle-Materie-Teilchen mit einer Masse von etwa 1000 Elektronvolt. Als wahrscheinlichster Kandidat galt damals das Gravitino, ein stabiles Teilchen, das aus einer hypothetischen Erweiterung des Standardmodells der Teilchenphysik, der sogenannten Supersymmetrie, stammte. Mehr dazu erfahren wir in Kapitel 6.

DIE WELT IM COMPUTER

Der Vergleich der Simulationen mit der Wirklichkeit warf gleich zu Beginn ein Problem auf: Die Rechnungen verfolgten ausschließlich die Bewegung der Dunklen Materie und deren Verdichtung zu großen Wolken oder Halos. Die Beobachtungen zeigen aber die Galaxien. Damit stellte sich die Frage: Wie lässt sich aus den Simulationen der Dunklen Materie die Galaxienverteilung ermitteln?

Dazu gibt es zwei Möglichkeiten. Zum einen kann man die Galaxien nach einem statistischen Verfahren auf die Dunkle-Materie-

Halos verteilen, etwa nach dem Prinzip: Wo die größten und massereichsten Halos sind, finden sich auch die meisten und größten Galaxien zusammen. Nach diesem Muster liefen die ersten Computersimulationen ab. Doch schon bald wurde klar, dass die Entstehung von Galaxien nicht nur von der Größe der Halos abhängt, sondern auch von deren Entstehungsdauer, Rotation, Form, Dichteverteilung und möglicher Unterstruktur. Die Entwicklung der Dunkle-Materie-Halos ist nämlich ein sehr dynamischer Vorgang: Halos können miteinander verschmelzen, es entstehen kleine Subhalos und vieles mehr.

Die zweite Möglichkeit besteht darin, die normale Materie von vornherein in die Simulation mit einzubeziehen. Das bereitet jedoch erhebliche Probleme, weil man dann physikalische Vorgänge berücksichtigen muss, die bei der Dunklen Materie nicht auftreten. Wenn sich normale Materie verdichtet, erwärmt sie sich, bei chemischen Reaktionen entstehen Moleküle und anschließend Staubteilchen. Außerdem können irgendwann Sterne entstehen, was mit einer Vielzahl an chemischen und astrophysikalischen Prozessen verbunden ist: Gas erhitzt sich, wird teils zu einem Plasma und beginnt zu leuchten. Insbesondere massereiche Sterne verändern mit intensiver Strahlung und heftigen Teilchenwinden ihre Umgebung, einige explodieren als Supernovae. Die Modellierung all dieser Vorgänge ist extrem aufwendig und war anfangs unmöglich.

Die Simulationen waren so grob, dass „ein Masseteilchen" einen großen Dunkle-Materie-Halo repräsentierte. Fragen nach dem Verhalten der normalen Materie waren damit nicht behandelbar. Erst ab der Jahrtausendwende wurden die Computer leistungsfähig genug, um immer realistischere Szenarien rechnen zu können.

Im Jahr 2005 veröffentlichte eine internationale Forschergruppe namens Virgo die Ergebnisse der bis dahin mit Abstand größten Untersuchung dieser Art. Federführend waren Simon White, Carlos

Frenk und Volker Springel vom Max-Planck-Institut für Astrophysik in Garching. In ihrer Millennium-Simulation agierten mehr als zehn Milliarden Dunkle-Materie-Teilchen in einem würfelförmigen Volumen mit zwei Milliarden Lichtjahren Kantenlänge. Auch hier repräsentierte noch jedes Teilchen eine Masse von rund einer Milliarde Sonnenmassen. Mit einer räumlichen Auflösung von 15.000 Lichtjahren ließen sich Zwerggalaxien mit etwa hundert Teilchen, Galaxien wie die Milchstraße mit etwa tausend und die reichsten Galaxienhaufen mit mehreren Millionen Teilchen darstellen.

Möglich wurde diese Simulation durch entscheidende Verbesserungen der Software und dem parallelen Rechnen auf einem Supercomputer des Rechenzentrums der Max-Planck-Gesellschaft. Nahezu der gesamte verfügbare physikalische Speicher von einem Terabyte musste genutzt werden, und die Analyse der etwa 20 Terabyte an Daten, die bei der Simulation anfielen, erforderte neue Verarbeitungsmethoden. Mehrere Monate Rechenzeit waren nötig, um die Entwicklung der Materieteilchen über die vergangenen 13,4 Milliarden Jahre bis heute in 11.000 Zeitschritten zu simulieren.

In den nachfolgenden Jahren wurde die Millennium-Simulation je nach speziellem Interesse mit veränderten Größen gerechnet. Im Jahr 2009 beispielweise simulierten die Forscher mit der gleichen Anzahl von Teilchen ein Volumen mit fünfmal kleinerer Kantenlänge. Das ermöglichte eine 125-mal bessere Massenauflösung, lieferte also detailliertere Einblicke auf kleineren Skalen.

Die Millennium-Simulation arbeitete nach dem ersten oben beschriebenen Prinzip, das heißt, sie rechnete nur die Dunkle Materie, und am Schluss wurde die normale Materie in Form von leuchtenden Galaxien nach einem statistischen Verfahren ergänzt. Dies offenbarte eine reiche Population von Halos aller Größen, die durch Filamente aus Dunkler Materie miteinander verbunden sind und die bekannte blasenförmige Struktur bilden (Abbildung 3.14). Sie stimmt gut

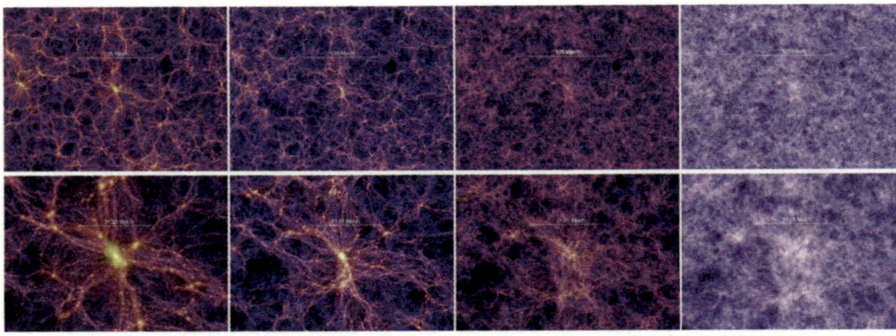

Abb. 3.14: Die Millennium-Simulation zeigt, wie sich die Dunkle Materie in den vergangenen 13,4 Milliarden Jahren zu dem heutigen kosmischen Netz zusammengezogen hat. Von links nach rechts ist die Dichteverteilung vor 13,6, 4,7, 1,0 und 0,21 Milliarden Jahren gezeigt. Die untere Leiste ist um einen Faktor 16 in die Simulation hineingezoomt.

mit 3D-Karten des Universums überein und spricht für die Existenz von kalter Dunkler Materie. Die Zeitentwicklung verdeutlichte zudem, dass sich zuerst die kleinen Halos weit genug verdichteten, so dass darin die ersten Galaxien entstehen konnten. Die großen Halos wurden im Laufe der Jahrmilliarden immer größer, indem sie miteinander verschmolzen oder diffus verteilte Materie von außen aufnahmen. Die größten unter ihnen mit 10^{14} Sonnenmassen und mehr waren erst vor etwa einer Milliarde Jahren halbwegs fertig ausgebildet.

In diesem Szenario lässt sich auch erklären, wie sich die beiden Typen von großen Galaxien bilden konnten: In den elliptischen Galaxien, die etwa die Form eines Rugby-Balls besitzen (Abbildung 3.15), bewegen sich die Sterne auf allen möglichen Bahnen um das Zentrum. In den Spiralgalaxien, wie unsere Milchstraße, kreisen die Sterne vor allem in einer scheibenförmigen Ebene. Diese Unterschiede gehen auf die Entstehung in Dunkle-Materie-Halos zurück.

Anfänglich gab es Bereiche, in denen viele große Halos zusammenstießen. In diese Riesenhalos strömte auch verstärkt die normale Materie hinein und verdichtete sich zu den großen elliptischen Galaxien. So lief es zum Beispiel im Coma-Galaxienhaufen ab, in

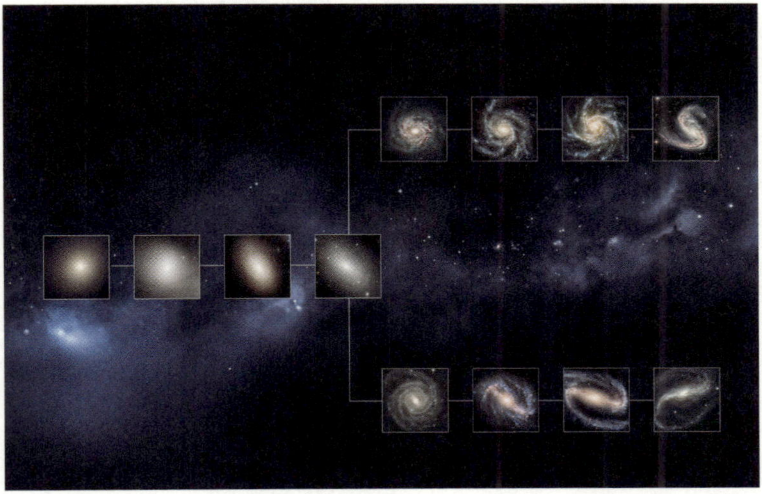

Abb. 3.15: Edwin Hubbles Klassifikationsschema von Galaxien gemäß ihrer Form: links die Ellipsen, rechts die Spiralen, die sich in Typen ohne (oben) und mit Balken unterteilen.

dessen Zentrum zwei riesige Ellipsen ruhen. Spiralgalaxien müssen dagegen in Ruhe gelassen werden und dürfen keine größeren Kollisionen erleiden, damit ihre wohlgeordnete Struktur nicht zerstört wird. Sie sind in Halos entstanden, die so großräumig verteilt waren, dass sie sich nicht gegenseitig in die Quere kamen. Man erkennt das noch heute an unserer Milchstraße. Sie bildet zusammen mit der Andromeda-Galaxie und einigen weiteren Sternsystemen die Lokale Gruppe, die insgesamt eine sehr geringe Galaxiendichte aufweist.

Demnach ist eine beeindruckende Spiralstruktur die Folge eines Jahrmilliarden währenden Single-Daseins. Das bedeutet jedoch nicht, dass diese Galaxien eine vollkommen ungestörte Existenz geführt haben. Unsere Milchstraße zum Beispiel ist schon mehrfach mit Galaxien zusammengestoßen, allerdings mit kleinen Systemen, die nicht massereich genug waren, um die gesamte Spiralstruktur zu zerstören.

Die Millennium-Simulation war ein bedeutender Fortschritt im Verständnis der Entstehung und Entwicklung der großräumigen Struktur im Universum, des kosmischen Netzes. Sie verdeutlichte vor allem das Verhalten der Dunklen Materie. Da die Galaxien nach statistischen Erwägungen in die Halos „hineingesetzt" wurden, zeigte sie jedoch nicht, wie sich diese bilden und wachsen, wie in ihnen Sterne entstehen und vieles mehr. Hierfür war es notwendig, in die Simulationen von Beginn an die normale Materie einzufügen und deren Entwicklung nach bekannten physikalischen Gesetzen zu simulieren. Astrophysiker sprechen von hydrodynamischen Rechnungen.

Die kosmische Strukturbildung ist ein selbstregulierender Prozess, in dem Sterne und Schwarze Löcher auf ihre Umgebung einwirken und damit die Entwicklung der nächsten Generation von Sternen beeinflussen. Vor allem Teilchenwinde können die Entstehung neuer Sterne unterstützen, aber auch verhindern. Dieses komplexe Wechselspiel berücksichtigten erstmals die Simulation Illustris und deren Nachfolger The Next Generation, kurz TNG. Darin wurden zahlreiche physikalische Prozesse über die gesamte kosmische Geschichte hinweg modelliert. Hierzu gehörten durch Sternentstehung entfachte Teilchenwinde und thermische Energiezufuhr durch Schwarze Löcher. Das komplexe Zusammenspiel von Strahlungsvorgängen, Schockwellen, turbulenten Strömungen, Sternentstehung und Supernova-Explosionen macht die Simulation zu einem wahren Rechenmonster. Doch die ausgefeilten Modelle ließen tatsächlich eine realistische Population von modellierten Galaxien entstehen, wie wir sie heute beobachten.

Illustris entstand unter der Leitung von Volker Springel, damals am Heidelberger Institut für Theoretische Studien (HITS), und Mark Vogelsberger vom Massachusetts Institute of Technology. 2013 wurden die ersten Ergebnisse veröffentlicht. Illustris simulierte die Galaxienentstehung in einem würfelförmigen Volumen mit einer Kantenlänge von etwa 350 Millionen Lichtjahren über einen Zeitraum von mehr als 13 Milliarden Jahren. Über 18 Milliarden Teilchen repräsentierten die Massenelemente der Dunklen und der normalen Materie. Um die gewaltige Datenmenge von mehr als 200 Terabyte verarbeiten zu können, mussten mehr als 8000 Prozessoren mehrere Monate lang arbeiten. Mit einer Zellgröße von etwa 150 Lichtjahren war das Raster zwar immer noch viel zu grob, um einzelne Sterne aufzulösen, aber ihre Entstehungsrate in dichten Gaswolken lässt sich nach bekannten Gesetzen berücksichtigen. Außerdem war noch ein Trick für das Gelingen entscheidend: Die Forscher hatten einen sogenannten Moving Mesh Code namens AREPO entwickelt. Dieser unterteilt das simulierte Universum nicht in ein starres Raster, sondern verwendet ein flexibles Gitter, dessen Zellgröße sich dynamisch den Gegebenheiten anpasst: Wo viel passiert, verengt sich das Gitter, so dass es kleinere Details rechnen kann, dafür weitet es sich in aktivitätsarmen Regionen. Diese Zoom-Technik verringert den Rechenaufwand erheblich. So war es möglich, eine Simulation, die auf einem Rechenkern 2200 Jahre benötigt hätte, in nicht einmal zwei Monaten zu absolvieren.

Das alles erlaubte es schließlich, die Entstehung und Entwicklung von etwa 50.000 Galaxien unterschiedlicher Größe im Detail zu analysieren und vor allem die Ergebnisse mit den Beobachtungen zu vergleichen. Tatsächlich konnten die Forscher mit Illustris erstmals zeigen, wie bei der Evolution des Universums all jene Typen von Galaxien entstehen, die schon Edwin Hubble in seinem berühmten Stimmgabeldiagramm klassifiziert hatte. Außerdem konnten sie ihre Rechnungen auch separat nur mit Dunkler oder zusätzlich mit normaler Materie laufen lassen. Auf diese Weise erkennt man, wie Vorgänge im Zusammenhang mit der Entstehung und Explosion von Sternen oder starke Teilchenwinde aus der Umgebung von supermassereichen Schwarzen Löchern auf die Dunkle Materie wirken (Abbil-

Abb. 3.16: Dieses Ergebnis der Illustris-Simulation ist auf den massereichsten Galaxienhaufen zur heutigen Zeit zentriert und zeigt die Dichte der Dunklen Materie (blau/pink), überlagert mit dem Geschwindigkeitsfeld des Gases (rot/gelb).

dungen 3.16 und 3.17). Neben all diesen Details ist unumstritten: Dunkle Materie ist als unsichtbarer Geburtshelfer für die Entwicklung von Galaxien unerlässlich. Das belegen die Simulationen der Entwicklung des Universums in den letzten zwölf Milliarden Jahren.

Nach dem großen Erfolg von Illustris schlossen die Forscher die Erweiterung Illustris-TNG an. Maßgeblich beteiligt war hier neben

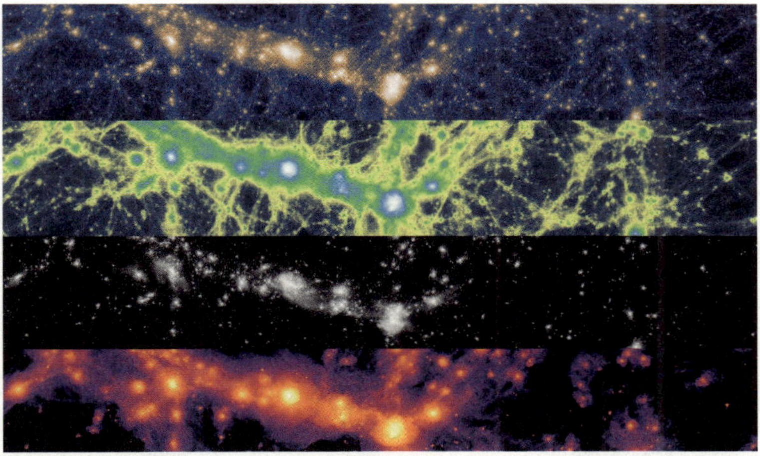

Abb. 3.17: Die Illustris-TNG-Simulation liefert eine große Vielfalt an physikalischen Informationen. Von oben nach unten: Dichte der Dunklen Materie, Gasdichte, Sterndichte und Röntgenleuchtkraft. Jedes Feld zeigt eine Ansicht mit einer Längsausdehnung von 360 Millionen Lichtjahren.

Volker Springel und Mitarbeitern vom Max-Planck-Institut für Astrophysik Lars Hernquist von der Harvard University. TNG bestand aus insgesamt 18 Simulationen, die sich vor allem in der Größe des simulierten Volumens unterschieden. Es wurden drei Würfel mit Kantenlängen von etwa 50, 100 und 300 Megaparsec Seitenlänge gewählt, das entspricht jeweils etwa 160, 330 und 980 Millionen Lichtjahren. Bei gleichbleibender Teilchenzahl erhöht sich damit bei kleinerem Volumen das räumliche Auflösungsvermögen. Die drei Simulationstypen ergänzen sich gegenseitig, indem sie den Fokus auf verschiedene Aspekte der Galaxienbildung legen. TNG300 ermöglicht die Untersuchung von Galaxienhaufen, während TNG50 und TNG100 einen detaillierteren Blick auf die strukturellen Eigenschaften von Galaxien und ihr Verhalten im Haufen erlauben.

Auf diese Weise gingen die Forscher unterschiedliche Fragen an wie die Anreicherung der galaktischen Materie mit schweren Elemen-

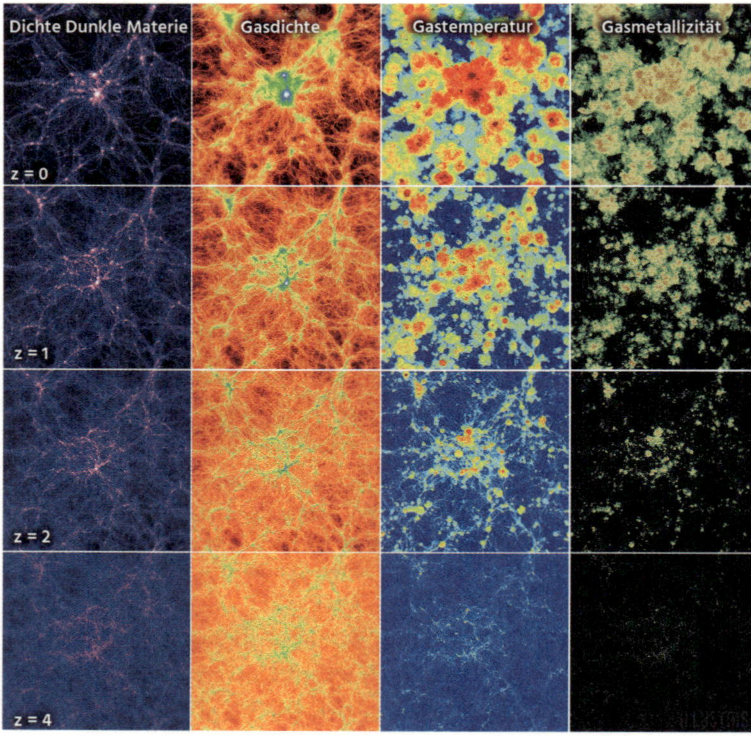

Abb. 3.18: Dieses Ergebnis der Illustris-Simulation zeigt von unten nach oben die Entwicklung von Dunkler Materie, Gasdichte, Gastemperatur und Gasmetallizität in den vergangenen zwölf Milliarden Jahren.

ten. Im Urknall sind, wie wir im nächsten Kapitel genauer sehen werden, fast nur die leichtesten Elemente Wasserstoff und Helium entstanden. Alle anderen schweren Elemente des Periodensystems, wie Kohlenstoff, Stickstoff, Sauerstoff oder Eisen (in der Astronomie allesamt als Metalle bezeichnet), wurden erst später im Inneren von Sternen durch Kernfusion gebildet. Von dort gelangten sie durch Teilchenwinde oder bei Sternexplosionen ins interstellare Medium, wo sie als Rohstoff für neue Sterne und Planeten zur Verfügung standen. So reicherten sich aufeinanderfolgende Sterngenerationen in immer stärkerem Maße mit schweren Elementen an. Diese chemische Evolution lässt sich durch Beobachtungen innerhalb unserer Milchstraße sowie an fernen Galaxien bestätigen. Tatsächlich konnten TNG-Simulationen das mittlere Alter der Sterne und deren Gehalt an schweren Elementen gut wiedergeben.

Ein aufschlussreicher Aspekt betrifft die Rotation von Galaxien. Am Beginn der Simulationen bewegen sich die Dunkle-Materie-Teilchen ungeordnet in alle Richtungen. Wenn sie sich im Laufe der Jahrmilliarden in den Halos zusammenfinden, beginnen diese zu rotieren. Zwar sausen auch innerhalb eines sich drehenden Halos die allermeisten Dunkle-Materie-Partikel noch regellos umher, aber ein kleiner Teil partizipiert an der Halorotation. Damit besitzt der Halo insgesamt einen gewissen Drehimpuls, wie Physiker sagen. Interessant ist nun, dass sich dieser Drehimpuls auf die normale baryonische Materie überträgt und der im Halo entstehenden Galaxie ihre Rotation aufprägt. Der Drehimpuls bestimmt sogar die Größe der Galaxie. Zur Freude der Forscher stimmt die mit den Simulationen ermittelte Drehimpulsverteilung der Dunkle-Materie-Halos mit der beobachteten Größenverteilung von Galaxien überein. Wohlgemerkt: Die Drehimpulsverteilung der Halos ergibt sich aus den Simulationen, sie wird nicht in das Modell hineingesteckt. Diese Übereinstimmung mit der Wirklichkeit gilt als ein besonderer Erfolg der Simulationen. „Das ist ein faszinierendes Ergebnis. Es zeigt uns, dass wir mit unserem Grundkonzept und den Simulationen nicht ganz falsch liegen“, erläutert Volker Springel.

Die Welt im Computer sieht also der realen Welt schon sehr ähnlich. Das liegt neben der enormen Rechenleistung heutiger Computer an cleveren Programmcodes, die astrophysikalische Vorgänge als Parameter, die man aus Beobachtungen gewinnt, berücksichtigen. So wissen Astronomen zum Beispiel, unter welchen Bedingungen (Größe, Dichte, Temperatur) eine interstellare Wolke kollabiert und wie viele Sterne mit welcher Masse darin entstehen. Direkt simulieren kann man die Entstehung der einzelnen Sterne mit Illustris-TNG nicht, denn selbst in der höchstauflösenden Variante TBG50 repräsentiert jedes Massenelement der normalen Materie 85.000 Sonnenmassen und der Dunklen Materie sogar 450.000 Sonnenmassen.

Für die Kosmologie ist das Volumen von TNG300 noch relativ klein, für das andere Extrem, die Untersuchung der Eigenschaften des interstellaren Mediums, sind die Auflösung und die physikalischen Modellannahmen von TNG50 noch relativ grob. Doch die Entwicklung wird weitergehen und die Simulationen immer realistischer werden lassen. Dieser Fortschritt geht Hand in Hand mit der zunehmenden Rechenleistung der schnellsten Supercomputer der Welt.

EINIGE FRAGEN BLEIBEN OFFEN

Die Simulationen eröffnen den Forschern enorme Möglichkeiten, um das Dunkle-Materie-Szenario an der Realität zu testen. Wie gesehen, funktioniert das im Großen und Ganzen sehr gut. Es gibt aber derzeit ein paar Ungereimtheiten, über die leidenschaftlich diskutiert wird. Hierbei spielen ausgerechnet jene galaktischen Sternsysteme eine Rolle, die lange Zeit wenig Beachtung fanden und als graue Mäuse im Universum galten: Zwerggalaxien.

Zwerggalaxien weisen ellipsoidale, sphärische, spiralige und irreguläre Formen auf. Wegen ihrer Lichtschwäche lassen sich nur nahe gelegene Exemplare beobachten. Wie Satelliten umkreisen sie die Milchstraße und andere Galaxien. Ihre Entstehung fügt sich problemlos in das Dunkle-Materie-Szenario ein. Während in den großen Halos die großen Galaxien entstanden, strömte in die kleinen Subhalos nur wenig Materie hinein, die sich dann zu Sternen verdichten konnte. Je nach Abstand der Halos voneinander, stürzten kleine in große und lösten sich auf oder blieben als Satelliten erhalten.

Schon in frühen Simulationen tauchte jedoch das Problem auf, dass es viel mehr Zwerggalaxien geben sollte, als man beobachtet. Einige Theoretiker sehen darin eine noch unbekannte Eigenschaft der Dunklen Materie. Es gibt aber auch eine weniger exotische Erklärungsmöglichkeit: astrophysikalische Vorgänge, die in den Simulationen nicht berücksichtigt werden.

Wenn die normale Materie in einen Dunkle-Materie-Halo hineinströmt, verdichtet sie sich zu Sternen, die sich in Galaxien zusammenfinden. Die massereichsten Sterne explodieren bereits nach einigen Millionen Jahren als Supernova. Dabei erhitzen sie ihre Umgebung, und die Explosionswolken treiben das umgebende Material auseinander. In einer großen Galaxie wie der Milchstraße hat dies nur lokale Auswirkungen, in einer Zwerggalaxie aber können schon wenige Supernovae nahezu das gesamte System zerreißen. Deshalb überleben nur wenige Zwerggalaxien ihre wilde Frühphase. Wenn diese Hypothese stimmt, müssten die großen Galaxien von sehr vielen Subhalos aus Dunkler Materie umgeben sein, die keine Zwerggalaxien enthalten. Diese Materieklumpen könnte man eventuell mit dem Gravitationslinseneffekt nachweisen.

Das zweite Problem betrifft das sogenannte Dichteprofil: Nach den Simulationen sollte die Dichte vor allem der kleineren Halos von außen nach innen zunehmen und im Zentralbereich sehr steil ansteigen. Die gemessenen Rotationskurven vieler Zwerggalaxien deuten aber darauf hin, dass die Dichte der Dunklen Materie zu den Zentren nur schwach ansteigt. Auch dies erklären die Forscher mit einer astrophysikalischen Wechselwirkung. Wenn sich im Zentrum der Galaxie ein supermassereiches Schwarzes Loch befindet, kann dieses einen starken Teilchenwind entfachen. Auch er übt Schwerkraft aus und könnte Dunkle Materie mit sich fortreißen und damit deren Dichte verringern.

Richtig knifflig wird es aber mit einer anderen Eigenschaft der kleinen Satellitengalaxien. Schon Mitte der 1970er-Jahre kam die Vermutung auf, dass die Zwerggalaxien der Milchstraße nicht zufällig im Raum verteilt sind, sondern sich innerhalb einer bestimmten Ebene bewegen. Allerdings kannte man nur sechs dieser lichtschwachen Vertreter und beachtete das Problem nicht weiter. Erst am Beginn des neuen Jahrtausends erweckten es neue Beobachtungen wieder zum Leben.

Mittlerweile sind etwa 50 Zwerggalaxien als Begleiter der Milchstraße bekannt, für viele ließ sich auch deren räumliche Bewegung ermitteln, was wegen der großen Entfernungen sehr schwierig ist. Die neuen Beobachtungsergebnisse belegen nun, dass sich ein Großteil der Zwerggalaxien innerhalb einer scheibenförmigen Region um die Milchstraße bewegt. Dazu gehören auch die beiden bekannten Magellanschen Wolken. Ähnlich wie die Planeten um die Sonne, so kreisen auch diese galaktischen Satelliten in einer Richtung um unsere Heimatgalaxie. Diese ringförmige „Vast Polar Structure" steht nahezu senkrecht auf der Milchstraßenscheibe. Nach den Simulationen sollten sich die Zwerggalaxien jedoch völlig regellos und auf zufälligen Bahnen ohne bevorzugte Richtung um die Milchstraße bewegen. Die Chance, dass es sich bei der Vast Polar Structure um eine zufällige Ansammlung handelt, schätzen die Forscher auf eins zu tausend. Ist unsere Milchstraße aber vielleicht genau diese unwahrscheinliche Ausnahme?

Um dieser Frage nachzugehen, beobachteten Astronomen Zwerggalaxien der Andromeda-Galaxie. Und auch dort bewegen sich sehr viele von ihnen innerhalb einer Ebene, die „Great Plane of Andromeda" genannt wird. Im Jahr 2018 gelang es zudem, in der Umgebung der Riesengalaxie Centaurus A Zwerggalaxien ausfindig zu machen. Das Ergebnis: Auch dort scheinen sich 14 von 16 in einer Ebene zu bewegen. Wenn sich diese Ergebnisse bestätigen lassen, ist eine zu-

Abb. 3.19: Die 420 Millionen Lichtjahre entfernte Kaulquappengalaxie Arp 188 erhielt ihren Namen wegen des langen Gezeitenschwanzes aus Gas. Er ist die Folge einer nahen Begegnung mit einer kleineren Galaxie.

fällige Entstehung dieser Strukturen ausgeschlossen. Was aber könnte die Ursache dafür sein?

Galaxien sind keine Inseln im leeren Raum, sondern gehören zu einem riesigen Netz, wobei sich die großen Galaxien in den Knotenregionen aufhalten, in denen mehrere Filamente zusammenkommen. Die Simulationen zeigen dies sehr eindrücklich. Es tauchte deshalb die Vermutung auf, dass Zwerggalaxien entlang dieser Filamente auf die Milchstraße und andere große Galaxien zuströmen und dann von diesen eingefangen werden. Doch die Illustris-TNG-Simulationen belegen diese Idee nicht.

Bleibt noch eine andere Möglichkeit. Galaxien kommen sich mitunter so nahe, dass sie sich mit ihrer Schwerkraft anziehen und aufeinander zubewegen. Entweder fliegen sie nahe aneinander vorbei oder kollidieren sogar. In beiden Fällen entfernen sie sich zunächst wieder voneinander, um später umzukehren und erneut aufeinander zuzurasen. Dieser Tanz kann so lange gehen, bis beide Galaxien miteinander verschmelzen. Bei jeder nahen Wechselwirkung wird Gas aus den Sternsystemen herausgerissen, das als langer Gezeitenschwanz erkennbar ist. Es gibt zahlreiche Beispiele hierfür (Abbildung 3.19). Da Verschmelzungen mehrere hundert Millionen Jahre dauern, ist genügend Zeit vorhanden, damit sich in den Gezeitenschwänzen neue Sterne bilden können. Sollten auf diese Weise die Zwerggalaxien entstanden sein, wäre dies eine Erklärung für ihre geregelte Bewegung um die Galaxie.

Aber auch diese Erklärungsmöglichkeit hat ihre Tücken. Wie man bei Galaxienhaufen, insbesondere dem Bullet-Cluster, sieht, bleiben die Dunkle-Materie-Halos auch bei einem Zusammenstoß an ihre Galaxien gebunden. Sie durchdringen sich problemlos. Das bedeutet, dass in den Gezeitenschwänzen und später auch in den darin entstehenden Zwerggalaxien keine Dunkle Materie vorhanden sein sollte. Das ist aber nicht der Fall. Die Zwerggalaxien verfügen über sehr viel Dunkle Materie.

Fazit: Es gibt zurzeit keine überzeugende Erklärung für die Verteilung von Zwerggalaxien in Ebenen. Das ist jedoch kein Grund, die auf dem Dunkle-Materie-Szenario basierenden Simulationen zu verwerfen. Dafür sind ihre enormen Erfolge bei der Erklärung der kosmischen Strukturen zu groß. Es muss noch irgendeinen unbekannten physikalischen Vorgang geben, der bislang in den Simulationen nicht berücksichtig wurde.

Interview mit Volker Springel

Der 1970 geborene **Volker Springel** studierte an der Universität Tübingen Physik und ging nach dem Diplom an das Max-Planck-Institut für Astrophysik, wo er im Jahr 2000 bei Simon White über die Entstehung und Entwicklung von Galaxien promovierte. Anschließend wechselte er als Postdoktorand an das Harvard-Smithsonian Center for Astrophysics der Harvard University, bevor er ab 2001 am Max-Planck-Institut für Astrophysik in Garching forschte. Im Jahr 2010 übernahm er eine Professur für Theoretische Astrophysik an der Universität Heidelberg und wurde Leiter der Gruppe Theoretische Astrophysik am Heidelberger Institut für Theoretische Studien (HITS). Sieben Jahre später kehrte er als Direktor ans MPI für Astrophysik zurück. Für seine wegweisenden Entwicklungen der Numerischen Astrophysik, die zu einem Durchbruch beim Verständnis der Strukturbildung im Kosmos geführt haben, erhielt er zahlreiche Preise, darunter die Otto-Hahn-Medaille der Max-Planck-Gesellschaft, den Heinz-Maier-Leibnitz-Preis, den Gottfried-Wilhelm-Leibniz-Preis der Deutschen Forschungsgemeinschaft sowie den Gruber-Preis für Kosmologie. Springel ist einer der führenden Köpfe bei den Millennium- und Illustris-Simulationen.

Frage: Schon früh hat sich gezeigt, dass die Dunkle Materie nicht aus massearmen, energiereichen „heißen" Teilchen bestehen kann, weil sie die Entstehung kleiner Strukturen verhindern. Wie ist der Stand heute?

Springel: In der Tat ist die Energie der Teilchen ausschlaggebend. Sehr leichte und schnelle Teilchen wie Neutrinos führen zu einem Verwaschen kleiner Strukturen. Mit kalter Dunkler Materie – wir sagen kurz CDM für „Cold Dark Matter"– passiert das zwar auch, aber erst bei sehr kleinen Strukturen etwa von der

Masse der Erde. Derart massearme Dunkle-Materie-Halos lassen sich aber heute nicht beobachten, weswegen wir also nicht genau sagen können, wie „kalt" die Teilchen sein können. In dem Zusammenhang möchte ich auf ein Problem mit dem CDM-Modell hinweisen. In den Simulationen entstehen sehr viele kleine Halos, in denen sich Zwerggalaxien bilden sollten. Wir beobachten aber viel weniger als vorhergesagt. Prinzipiell könnten wir die Zahl dieser kleinen Halos verringern, indem wir warme Dunkle-Materie-Teilchen annehmen. Sie sind leichter als die „klassischen" kalten Teilchen, mit Massen von einigen Kiloelektronvolt. Sogenannte sterile Neutrinos wären hierfür geeignete Kandidaten.

Frage: Aber auch astrophysikalische Gründe wären denkbar?

Springel: Richtig. Wenn in Zwerggalaxien Sternentstehung einsetzt, bilden sich auch massereiche Sterne. Mit ihrer intensiven UV-Strahlung, heftigen Teilchenwinden und schließlich den Explosionen als Supernova können sie vermutlich so viel Materie aus dem Halo hinausblasen, dass keine weiteren Sterne mehr entstehen können. Dann blieben leere Dunkle-Materie-Halos übrig.

Frage: Andere Unstimmigkeiten, wie ein in manchen Fällen zu starker Dichteanstieg zum Zentrum der Dunkle-Materie-Halos, lassen sich eventuell ebenfalls mit astrophysikalischen Vorgängen erklären. Dennoch werden in letzter Zeit zunehmend Alternativen diskutiert wie sehr leichte Axionen. Gehören diese nicht zu der bereits ausgeschlossenen heißen Dunklen Materie?

Springel: Ein wichtiger Grund für das Aufkommen von Alternativen ist die bislang erfolglose Suche nach den klassischen kalten Teilchen, den WIMPs. Mittlerweile schließen Experimente wie Xenon 1T oder LUX bereits einen weiten Parameterbereich aus. Wenn es Axionen gibt, dann sind sie nicht wie die WIMPs thermisch entstanden.

Frage: Was bedeutet das?

Springel: Teilchenphysiker vermuten, dass die WIMPs in einer sehr frühen Phase des Universums entstanden sind. Zu diesem Zeitpunkt besaßen sie dieselbe Temperatur wie die anderen Teilchen und die Strahlung. Nach diesen Modellen hatten sie eine Masse von einigen zehn bis hundert Gigaelektronvolt und sind in solch großer Anzahl und Dichte entstanden, wie man sie heute im kosmologischen Standardmodell benötigt. Das bezeichnen wir deshalb als WIMP-Wunder. Axionen sind aber nicht thermisch entstanden, das heißt, sie waren bei ihrer Geburt kälter als ihre Umgebung. Deswegen zählen sie trotz ihrer geringen Masse nicht zur heißen Dunklen Materie.

Frage: Können Sie in Ihren Simulationen solche extrem leichten Axionen integrieren?

Springel: Das ist eine sehr schwierige Aufgabe, an der wir gerade arbeiten. Der gravierende Unterschied zu den bisherigen Rechnungen besteht darin, dass wir diese Teilchen nicht mit klassischer, sondern mit Quantenphysik behandeln müssen. Nach dem Welle-Teilchen-Dualismus tritt jedes Teilchen auch als Welle mit einer bestimmten De-Broglie-Wellenlänge auf. Für Elementarteilchen ist diese Wellenlänge so klein, dass wir sie in den Simulationen nicht zu berücksichtigen brauchen. Wir rechnen ja ohnehin nicht mit einzelnen Dunkle-Materie-Teilchen, sondern mit Materieelementen, die in den meisten Fällen einige zehntausend bis Millionen Sonnenmassen beinhalten. Wir verleihen ihnen aber die Eigenschaften, die wir für die Dunkle-Materie-Teilchen annehmen. Nun gibt es die Vermutung, dass es extrem leichte Teilchen mit Massen um 10^{-22} Elektronvolt geben könnte. Diese hätten dann eine De-Broglie-Wellenlänge von einigen zehntausend Lichtjahren, lägen also in der Größenordnung einer kleinen Galaxie. Deshalb müssen wir Methoden der Quantenphysik anwenden, um ihre Dynamik zu berechnen. Für Spezialisten: Wir lösen die Schrödinger-Gleichung und berechnen praktisch eine Wellenfunktion des Universums. Erste Ergebnisse unserer Simulationen deuten darauf hin, dass diese ultraleichten Teilchen auf sehr großen Skalen eine Strukturbildung ähnlich wie kalte Dunkle Materie hervorrufen können, kleine Strukturen unterhalb der De-Broglie-Wellenlänge entstehen dagegen eher nicht. Auf kleinen Skalen kommt es aber zu sehr seltsamen Phänomenen. Es tauchen dort so etwas wie Interferenzstreifen auf. Ich sehe hier noch viele offene Fragen, deshalb werden wir weiter an diesen Simulationen arbeiten.

Frage: In jüngster Zeit wird eine weitere Klasse von Dunkler Materie diskutiert: primordiale Schwarze Löcher. Könnten diese die Strukturbildung erklären?

Springel: Die Entstehung von primordialen Schwarzen Löchern unmittelbar nach dem Ende der inflationären Phase ist schon eine sehr spezielle Sache, aber von den Theorien des ganz frühen Universums ist man ja so einiges gewohnt. Wenn es sie gibt, dann wären sie aufgrund ihrer Eigenschaften sehr gute Kandidaten für die Dunkle Materie. Die Schwarzen Löcher müssen weniger als eine Sonnenmasse besitzen, weil wir sonst ihre gravitative Wirkung in unserer Milchstraße sehen würden. Aber Schwarze Löcher mit etwa der Erdmasse, wie sie anfänglich favorisiert wurden, lassen sich in unseren Simulationen in ihrem Verhalten kaum von dem der kalten Dunkle-Materie-Teilchen unterscheiden. Mittlerweile scheinen Beobachtungen des Mikrogravitationslinseneffekts die Existenz von Schwarzen Löchern dieses Massenbereichs ein Stück weit auszuschließen. Doch der Bereich von etwa 10^{-16} bis 10^{-11} Sonnenmassen, entsprechend dem von Asteroiden, käme nach wie vor in Frage. Diese Schwarzen Löcher hätten übrigens, anders als Elementarteilchen, im Laufe der Zeit Materie aufgesammelt und wären dadurch gewachsen. Bei diesem Vorgang hätte das heiße Gas beim Hineinfallen in das Schwarze Loch Strahlung ausgesendet. Diese könnte zum Teil eine diffuse Röntgenhintergrundstrahlung erklären, die wir am gesamten Himmel sehen und bislang keinen bekannten Quellen zuordnen können.

Frage: Ist für Sie das CDM-Modell nach wie vor die beste Erklärung für die Strukturbildung?

Springel: Exotische Erklärungsmöglichkeiten wie primordiale Schwarze Löcher oder ultraleichte Axionen ziehen wir als mögliche Lösungen durchaus in Betracht und untersuchen sie, wie erklärt, mit unseren Simulationen. Dennoch ist für mich das Konzept der kalten Dunklen Materie nach wie vor am attraktivsten. Zusammen mit der Dunklen Energie ist das sogenannte Lambda-CDM-Modell sehr erfolgreich. Es kann Beobachtungsergebnisse aus ganz unterschiedlichen Bereichen wie die Rotation von Spiralgalaxien, die Bewegung von Galaxien in ihren Verbänden, das Phänomen des Bullet-Clusters oder eben die Strukturbildung mit einem einheitlichen, konsistenten Konzept erklären. Das ist zum Beispiel mit alternativen Gravitationstheorien nicht möglich.

Frage: Häufig wird die Kritik geäußert, dass die Dunkle Materie anfänglich zu Schwarzen Löchern hätte kollabieren müssen, weil es keine zwischenatomaren Kräfte gibt, die den Kollaps aufhalten konnten.

Springel: Nein, die Dunkle Materie konnte nicht in Schwarzen Löchern verschwinden. Der Hauptgrund dafür besteht darin, dass sie keine Bewegungsenergie abgeben kann und auch keinen Drehimpuls durch Reibung transportiert. Beim Kollaps einer Wolke aus Dunkler Materie werden die Teilchen durch ihre kollektive Schwerkraft beschleunigt und die Energie, die sie dabei aus dem Gravitationsfeld ziehen, können sie nicht mehr loswerden. Sie bleiben einfach zu schnell, um sich zu einem Schwarzen Loch oder auch einem anderen Körper zusammenlagern zu können. Die Situation ist ganz ähnlich einem thermischen Druck, der sich nicht abbauen kann. Nur Dunkle-Materie-Teilchen, deren Bahnen zufällig bereits aus normaler Materie entstandene Schwarze Löcher kreuzen, können hineinfallen. Das ist aber nur für einen verschwindend kleinen Bruchteil der Teilchen der Fall.

Frage: Welche Fragen möchten Sie mit zukünftigen Simulationen angehen?

Springel: Eine Zielrichtung besteht darin, die zeitliche Entwicklung von Galaxienhaufen und Supergalaxienhaufen zu untersuchen. Das ist deswegen wichtig, weil wir in naher Zukunft hierzu fantastische Beobachtungsergebnisse erwarten, zum Beispiel vom europäischen Weltraumteleskop Euclid oder dem Dark Energy Survey des Cerro Tololo Inter-American Observatory in Chile, der kürzlich beendet wurde. Die sich über Jahrmilliarden hinweg ändernde räumliche Verteilung der Galaxien ist ein ganz wichtiger Prüfstein für unsere Modelle. Dafür müssen wir zum einen die Präzision unserer Simulationen verbessern und zum anderen größere Volumina abdecken. Und wir müssen die Rückwirkung der normalen Materie auf die Dunkle Materie besser verstehen. Über eine solche mutmaßliche Wechselwirkung bei den kleinen Halos und Zwerggalaxien haben wir gesprochen, aber auch auf Skalen von Galaxienhaufen vermuten wir ähnliche Wechselwirkungen, zum Beispiel durch die Aktivität von supermassereichen Schwarzen Löchern. Für solche komplexen Rechnungen sind verbesserte Computercodes und wachsende Rechnerkapazitäten nötig.

KAPITEL 4

DAS INFLATIONÄRE UNIVERSUM

Das Urknallmodell hat unser kosmologisches Weltbild revolutioniert. Es gibt jedoch mehrere Beobachtungsergebnisse, die dem ursprünglichen, einfachen Modell widersprechen. Die Widersprüche lassen sich lösen, wenn man zusätzlich eine anfängliche, exponentielle Ausdehnung des Raumes annimmt. Diese Hypothese des inflationären Universums erzwingt zudem die Existenz von Dunkler Materie und Dunkler Energie.

Wenn wir uns in unserer kosmischen Umgebung umschauen, sieht das Universum keineswegs gleichförmig oder homogen aus. Planeten umkreisen die Sonne, die zusammen mit vielen anderen Sternen im riesigen Spiralsystem der Milchstraße gefangen ist. In der Umgebung der Milchstraße existieren viele weitere Galaxien unterschiedlicher Form und Größe. Doch mit immer größerer Längenskala werden die Strukturen ununterscheidbar: Supergalaxienhaufen, Filamente und

Leerräume verleihen dem Universum seine großräumige Struktur, wie wir im letzten Kapitel gesehen haben. Auf einer Skala von etwa 300 Millionen Lichtjahren wirkt das Universum homogen, es sind keine übergeordneten, größeren Strukturen mehr erkennbar. Im Vergleich zur Ausdehnung des für uns beobachtbaren Universums ist das verhältnismäßig klein. Ab diesem Maßstab gilt das bereits 1933 formulierte kosmologische Prinzip: Das Universum ist isotrop und homogen, das heißt, es sieht von jeder Position gleich aus und besitzt keine übergeordnete Struktur. Es ist gewissermaßen die größtmögliche Verallgemeinerung des kopernikanischen Weltbildes. Dies spiegelt sich in der kosmischen Hintergrundstrahlung wider: Das darin sichtbare „Fleckenmuster" entspricht einer Zufallsverteilung. Ausgerechnet diese fundamentale Erkenntnis wurde jedoch zum Problem für die Urknalltheorie. Warum?

INFLATION LÖST DAS HORIZONTPROBLEM

Wenn sich ein heißes Gas ausdehnt und überall nahezu die gleichen Eigenschaften besitzt, müssen alle diese Bereiche anfänglich in kausalem Zusammenhang gestanden haben. Anders gesagt, sie müssen Informationen ausgetauscht haben, damit sich alle Bereiche einander angleichen konnten. Ein Vergleich mag dies veranschaulichen. Denken wir uns ein etwas ungewöhnliches Orchester. Die Musiker haben ihre Augen verbunden, sitzen bis zu 300 Meter voneinander entfernt und sollen alle gleichzeitig zu spielen beginnen. Prinzipiell könnte einer, sagen wir der Trommler, mit einem Paukenschlag beginnen. Sobald die anderen Musiker den Ton hören, setzen sie ein. Der Schall breitet sich mit etwa 300 Meter pro Sekunde aus, kommt also beim entferntesten Musiker erst eine Sekunde später an. Von Gleichzeitigkeit kann demnach keine Rede sein.

Übertragen auf das Urknallmodell und die Expansion des Raumes müssten wir uns zudem vorstellen, dass sich alle Musiker voneinander entfernen. Wenn nun – anders als gerade geschildert – nach zehn Sekunden das Orchester tatsächlich im Gleichklang spielt, können wir zurückrechnen, wie weit die Musiker beim ersten Ton höchstens voneinander entfernt gewesen sein müssen, damit sie so zeitnah einsetzen konnten, dass wir keinen Versatz hören.

Auf die gleiche Weise kann man zurückrechnen, wie groß das Universum zu einem Zeitpunkt höchstens gewesen sein kann, damit alle Teile miteinander „kommunizieren“ konnten, wobei hier die Lichtgeschwindigkeit die Informationen übertrug. Nur dann kann es anfänglich zum Beispiel nahezu überall die gleiche Temperatur besessen haben. Wenn man mit den Einstein-Gleichungen (also dem ursprünglichen Urknallmodell) den Beginn des sich ausdehnenden Baby-Universums berechnet, findet man heraus, dass es im Alter von 10^{-35} Sekunden einen Durchmesser von einem Millimeter besessen haben sollte. Das ist winzig, aber erheblich größer als die Entfernung, die das Licht bis zu diesem Zeitpunkt zurücklegen konnte. Rechnet man weiter bis zur Entstehung der kosmischen Hintergrundstrahlung im Alter von 380.000 Jahren, so können nur Bereiche in kausalem Kontakt gestanden haben, die heute am Himmel nicht mehr als eine Vollmondfläche voneinander entfernt sind. Die nahezu perfekte Isotropie der Hintergrundstrahlung widerspricht also der fundamentalen Anforderung an die Kausalität. Generell würde gelten: Nach der klassischen Urknalltheorie müsste es im Universum viele Bereiche geben, die nie miteinander in Kontakt gestanden haben können. Dennoch besitzen sie nahezu identische Eigenschaften.

Die Kosmologen nennen dieses Rätsel das Horizontproblem, weil sie Bereiche miteinander vergleichen, die außerhalb der jeweiligen Ereignishorizonte liegen. Der Ereignishorizont um einen Punkt wird dabei durch diejenige Entfernung definiert, die ein Lichtstrahl seit dem Urknall zurückgelegt hat. Von allen Orten, die jenseits dieses Ereignishorizontes liegen, kann ein Beobachter in diesem Punkt keine Kunde haben.

Einen verblüffenden Lösungsvorschlag des Horizontproblems präsentierte 1980 Alan Guth. Der damals 33-jährige amerikanische Physiker hatte über ein Thema der Elementarteilchenphysik promoviert und beschäftigte sich mit der Frage, wie sich neue Erkenntnisse aus diesem Gebiet auf die Kosmologie übertragen lassen. Wie könnte sich zum Beispiel das sogenannte Higgs-Feld am Beginn des Universums verhalten haben? Mitte der 1960er-Jahre hatten Peter Higgs und weitere Theoretiker die Existenz eines Feldes vorhergesagt, das den Elementarteilchen ihre Masse verleiht. Dieses Feld ist mit einem Teilchen verbunden, dessen Entdeckung mit dem Large Hadron Collider am CERN in Genf im Jahr 2012 gelang und Peter Higgs und François Englert 2013 den Physik-Nobelpreis einbrachte.

Guth stieß bei seinen Rechnungen auf eine Möglichkeit, wonach das Higgs-Feld den Raum exponentiell aufblähen konnte. Tatsächlich war kurz vor ihm schon Alexei Starobinski vom Landau-Institut für Theoretische Physik in Moskau auf diese Möglichkeit gestoßen. Doch erst Guth wurde plötzlich klar, dass sich damit das Horizontproblem lösen ließe. Angeregt hatte ihn zu diesen Überlegungen ein Vortrag im Jahr 1978 von Robert Dicke, den wir im letzten Kapitel als einen der Urknallpioniere kennengelernt haben.

In seinem Buch *Die Geburt des Kosmos aus dem Nichts* datiert Guth das offizielle Debüt der Inflationstheorie auf den 23. Januar 1980. Damals hielt er am SLAC National Accelerator Laboratory der Stanford University einen Seminarvortrag mit dem Titel *10 Sekunden nach dem Urknall*, in dem er vortrug, wie man das Horizontproblem erklären kann. Im Anschluss bestärkten ihn einige begeisterte Kollegen in seiner Forschung, und Guth notierte in sein Tagebuch: „Ein mordsguter Tag!“ Auch nicht zu unterschätzen war das Angebot einer Assistenzprofessur am Massachusetts Institute of Technology, denn Guth teilte damals das Schicksal vieler junger Physiker, die von einer Universität zur anderen wechselten, immer in der Hoffnung auf eine feste Anstellung. 1981 veröffentlichte er seine Theorie vom inflationären Universum. Sie löste das Horizontproblem auf eine äußerst verblüffende Weise.

Guth schlug vor, dass sich der Raum in einer sehr frühen Phase, beginnend 10^{-35} Sekunden nach dem Urknall, nicht gleichmäßig, sondern explosionsartig aufblähte. Alle 10^{-35} Sekunden verdoppelte sich sein Durchmesser. Nach seinem Modell vergrößerte sich der Raum um einen Faktor von rund 10^{50}innerhalb der ersten 10^{-30} Sekunden. Man spricht von einer inflationären Phase nach dem englischen Wort „to inflate“, aufblasen. Erst danach erfolgte die Expansion wieder deutlich langsamer und gleichförmig, etwa mit der Rate, die wir heute beobachten.

Dieses Modell löst das Horizontproblem auf folgende Weise: Vor der inflationären Phase war das Universum so klein und alle Bereiche so nah beieinander, dass sie miteinander in kausalem Kontakt standen. So konnten sie alle die gleiche Temperatur annehmen. Die Inflation trieb nun das Universum überlichtschnell auseinander, so dass anschließend viele Bereiche nicht mehr kausal zusammenhingen: Ihre Ereignishorizonte waren langsamer gewachsen als ihre gegenseitige Entfernung (Abbildung 4.1). Und da das Universum weiter expandierte, blieben diese Gebiete kausal getrennt. Das heißt, jene Bereiche, die wir in der kosmischen Hintergrundstrahlung heute als kausal unabhängig voneinander sehen, hatten vor der Inflation Kontakt miteinander (Abbildung 4.2). Die Expansion mit Überlichtgeschwindigkeit widerspricht nicht der Relativitätstheorie. Diese verbietet es lediglich, dass sich Objekte oder

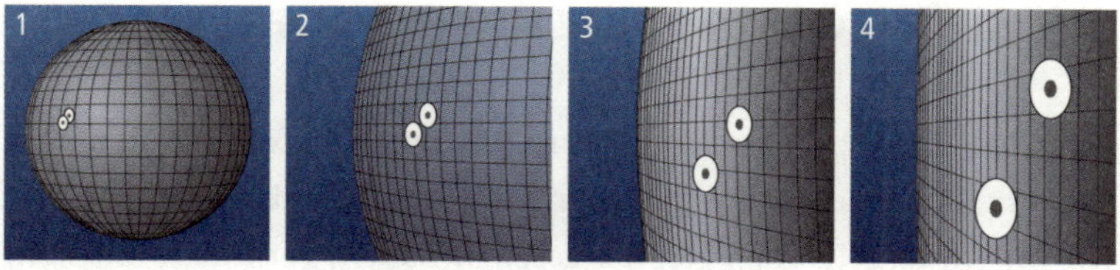

Abb. 4.1: Bereiche des Universums, die ursprünglich kausal verbunden waren, wurden durch die inflationäre Expansion getrennt.

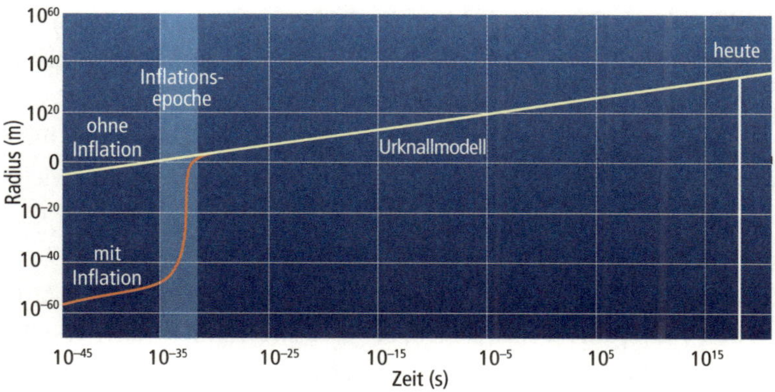

Abb. 4.2: Während der inflationären Phase expandierte das Universum exponentiell mit Überlichtgeschwindigkeit.

jegliche Information im Raum schneller als das Licht fortpflanzen. Sie verbietet aber nicht die überlichtschnelle Ausdehnung des Raumes selbst.

Guth erklärte später, es sei gar nicht das Horizontproblem gewesen, das ihn auf seine verblüffende Idee gebracht hatte, sondern das sogenannte Flachheitsproblem, auf das Robert Dicke in seinem Vortrag 1978 hingewiesen hatte. Um dieses Rätsel zu verstehen, müssen wir uns in die verschiedenen, theoretisch möglichen Weltmodelle vertiefen, die sich aus der Allgemeinen Relativitätstheorie ergeben.

INFLATION LÖST DAS FLACHHEITSPROBLEM

Nachdem Einstein seine Allgemeine Relativitätstheorie veröffentlicht hatte, stellte sich die Frage nach der Krümmung des Universums. Wie wir im vorhergehenden Kapitel gesehen haben, vermutete Einstein einen in sich geschlossenen Raum, ein statisches Kugeluniversum. Später fanden Friedmann und Lemaître heraus, dass es viel wahrscheinlicher ist, dass sich der Raum ausdehnt oder zusammenzieht. Welche dieser drei Möglichkeiten wirklich vorliegt, hängt von der mittleren Materiedichte ab. Das folgende Beispiel soll dies veranschaulichen.

Denken wir uns die Expansion des Raumes als Bewegungs- oder kinetische Energie einer Rakete und die Schwerkraft als potenzielle Energie der Erde. Nehmen wir an, die Rakete startet mit einer Geschwindigkeit von 11,2 Kilometer pro Sekunde. Dann ist ihre Bewegungsenergie groß genug, um gegen die potenzielle Energie der Erde in den Weltraum zu entweichen. Sie wird sich immer weiter von ihr entfernen. Würde die Rakete mit der gleichen Geschwindigkeit vom Jupiter aus starten, würde sie den Planeten wegen seiner stärkeren Schwerkraft nicht verlassen, sondern nach einem Parabelflug wieder auf dessen Oberfläche zurückstürzen. Es gibt also eine kritische Masse. Ist der Planet leichter als diese, so fliegt die Rakete davon, ist er schwerer, zieht er das Geschoss zurück.

Ähnlich ist es mit der zukünftigen Entwicklung des Universums. Sie hängt von einer sogenannten kritischen Dichte ab. Ist die tatsächliche Dichte größer als dieser Wert, wird die Expansion in ferner Zukunft zum Stillstand kommen und sich in einen Kollaps umkehren. Ist die mittlere Dichte geringer als die kritische, so wird das Universum bis in alle Ewigkeit weiter expandieren. Auch im Fall, dass die Dichte genau gleich der kritischen Dichte ist, wächst das Weltall unendlich lange weiter und nähert sich einem Maximalwert an (Abbildung 4.3).

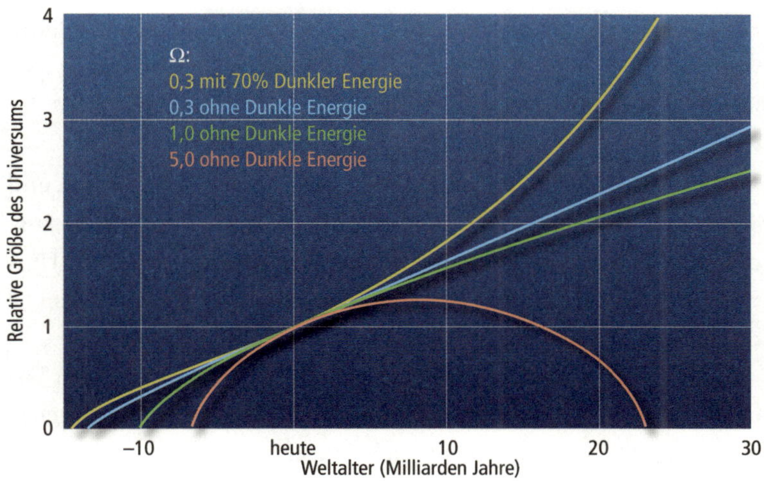

Abb. 4.3: Denkbare Szenarien für die Expansion und möglicherweise Kontraktion des Universums: geschlossenes Universum mit Ω > 1 (orange), das sich mehrere Milliarden Jahre lang ausdehnt und nach einer Umkehrphase kollabiert; flaches Universum mit Ω = 1 (grün), in dem sich die Expansionsrate kontinuierlich verlangsamt, und ein offenes Universum mit Ω < 1 (blau), dessen Expansion sich ebenfalls verlangsamt, jedoch nicht so stark wie die beiden vorhergehenden, da die Gravitation schwächer ist. Die rote Kurve zeigt ein Universum, in dem die Dunkle Energie mit 70 Prozent dominiert und die Expansion des Universums beschleunigt.

Kosmologen haben für diese Diskussion die Größe Omega (Ω) erfunden. Sie ist definiert als das Verhältnis der mittleren Dichte zur kritischen Dichte.

Damit gilt (vgl. auch Abb. 4.3):

Ω < 1: Das Universum besitzt eine hyperbolische Krümmung, die bei einer Vereinfachung des dreidimensionalen Raumes auf zwei Dimensionen als hyperbolische Fläche, ähnlich einem Sattel, angesehen werden kann. Dieser Raum besitzt überall die gleiche Krümmung, auch wenn es nicht den Anschein hat. Das Universum dehnt sich in diesem Fall immer weiter aus, ohne jemals zum Stillstand zu kommen.

Die Expansion einer unendlich ausgedehnten Fläche lässt sich damit veranschaulichen, dass man sagt: Alle Punkte auf dieser Fläche entfernen sich stetig voneinander. Das ist genau die Hubble-Flucht der Galaxien.

$\Omega = 1$: Das Universum besitzt keine Krümmung, ist also flach und dehnt sich aus, nähert sich aber asymptotisch einer endlichen Ausdehnungsgeschwindigkeit an. Die Bezeichnung „euklidisches Universum" geht darauf zurück, dass in einem solchen Raum die euklidische Schulgeometrie gilt.

$\Omega > 1$: Das Universum ist sphärisch in sich geschlossen, sein Volumen ist also endlich. In diesem Fall kommt die Ausdehnung irgendwann zum Stillstand und kehrt sich danach um.

Diese prinzipiell möglichen Lösungen der Einstein-Gleichungen für das Universum sind schon seit den 1920er-Jahren bekannt, doch 1979 überraschten Robert Dicke und James Peebles die Kosmologen mit einer verblüffenden Schlussfolgerung: Wenn Ω kurz nach dem Urknall kleiner als eins war, dann hätte sich der Raum so schnell ausgedehnt, dass sich die Atome darin nie zu Molekülen, Staubteilchen und letztendlich den Galaxien und Galaxienhaufen hätten zusammenlagern können. Es wären wahrscheinlich nicht einmal Atome entstanden, weil sich die Materie explosionsartig im Raum verteilt hätte. Der heutige Wert von Ω wäre um viele Größenordnungen kleiner als der tatsächlich gemessene. War der Anfangswert von Ω aber größer als eins, so wäre die Expansion bereits nach kurzer Zeit zum Stillstand gekommen, und der Raum hätte sich schon längst wieder zusammengezogen. War Ω im Urknall gleich eins, so hätte sich dieser Wert bis heute nicht geändert (Abbildung 4.4).

Offenbar waren im Urknall Schwerkraft und Expansionsrate extrem genau aufeinander abgestimmt, damit sich das Universum so entwickeln konnte, wie wir es heute vorfinden. Wäre eine Sekunde nach dem Urknall die potenzielle Energie (der Schwerkraft) nur um

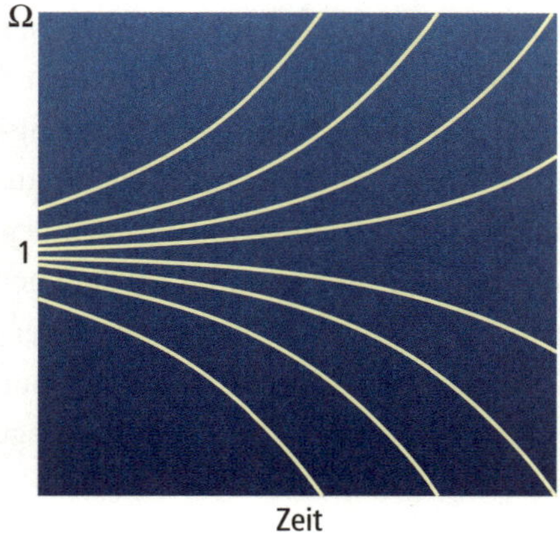

Abb. 4.4: Der Dichteparameter Ω hat sich seit dem Urknall stetig vergrößert oder verkleinert, wenn sein Wert anfänglich größer oder kleiner als eins war. Nur im Fall Ω = 1 blieb der Wert bis heute unverändert.

ein Millionstel größer gewesen als die kinetische Energie (der Expansion), so wäre die Expansion des Universums bereits nach 30.000 Jahren zum Stillstand gekommen. Dicke und Peebles errechneten, dass das Universum eine Sekunde nach dem Urknall bis auf den unvorstellbar kleinen Wert von 10^{-15} eine bestimmte Expansionsrate gehabt haben muss. Das bedeutet, dass auch Ω bis auf 10^{-15} genau den Wert eins besessen haben muss – und das bis heute. Der Raum muss also flach sein. Wie aber konnte eine derartig unwahrscheinliche Feinabstimmung zustande gekommen sein?

Im Rahmen der Theorie des inflationären Universums erfährt das Flachheitsproblem eine sehr elegante Lösung. Wie beschrieben, dehnte sich das Universum im Bruchteil einer Sekunde um 50 Zehnerpotenzen aus. Stellen wir uns nun den Raum vor der Inflation beispielsweise als winzige Kugel vor, auf der wir uns irgendeinen beliebigen Punkt herausgreifen. Nun bläht sich der Raum plötzlich exponentiell mit Überlichtgeschwindigkeit auf, was zur Folge hat, dass der Ereignishorizont um diesen Punkt langsamer – nämlich mit Lichtgeschwindigkeit – anwächst, als sich die Welt ausdehnt. Der Ereignishorizont grenzt, wie schon erwähnt, genau das Gebiet um den Punkt ab, aus dem ein gedachter, in diesem Punkt befindlicher Beobachter wegen der endlichen Lichtgeschwindigkeit Informationen erhalten kann. Am Ende der inflationären Epoche ist das ihm zugängliche Gebiet nur noch ein kleiner Teil des Universums. Alle Punkte außerhalb des Ereignishorizontes sind so weit entfernt, dass von ihnen ausgehendes Licht noch nicht genug Zeit hatte, um bis zu dem gedachten Beobachter zu gelangen. Nach der inflationären Phase verlangsamte sich die Expansion erheblich. Wir können daher heute nur einen winzigen Ausschnitt der Welt beobachten, der große Rest liegt hinter unserem Ereignishorizont.

Ist Guths Idee richtig, so ist unser erkennbares Universum nur ein winziger Bereich innerhalb eines Mega-Universums. Dieses mag insgesamt eine Krümmung aufweisen, aber unser Bereich ist so klein, dass er uns flach erscheint und wir für Ω den Wert eins messen. Man könnte die Situation mit dem Ansinnen vergleichen, die Erdkrümmung auf der Fläche eines Fußballfeldes zu messen. Im Rahmen der Messgenauigkeit wird die Erde flach sein, sie ist aber (nahezu) eine Kugel.

Peebles und Dicke behaupteten also, Ω hätte bereits kurz nach dem Urknall fast genau den Wert eins haben müssen, damit sich die Welt zu dem entwickeln konnte, was sie heute ist. Guth konterte hingegen: Vor der inflationären Expansion hat der Raum irgendeine Krümmung gehabt, über die wir nichts wissen. Der eigentliche „heiße Urknall" mit der nachfolgenden Entwicklung des Universums, wie wir sie aus dem klassischen Urknallmodell kennen, ereignete sich in seiner Theorie erst nach dem Ende der inflationären Phase, und da war Ω fast genau gleich eins, weil sich der Raum zuvor so gigantisch aufgeblasen hatte. Die Inflation hat die Welt flach gemacht. Der magische Wert $\Omega = 1$ ist demnach nicht Ausdruck einer unerklärlichen Feinabstimmung, sondern natürliche Folge der inflationären Expansion.

INFLATION ERFORDERT DUNKLE MATERIE UND DUNKLE ENERGIE

Die kritische Dichte des Universums lässt sich leicht ausrechnen. Sie beträgt $8{,}5 \cdot 10^{-27}$ Kilogramm oder fünf Wasserstoffatome pro Kubikmeter. Zwar war um 1980 die wahre mittlere Dichte der Materie in den Sternen, Gas- und Staubwolken nicht genau bekannt, aber sie musste wesentlich kleiner sein. Der heutige Wert liegt bei fünf Prozent der kritischen Dichte. Das ist ganz offensichtlich nicht mit dem inflationären Szenario vereinbar. Wie wir bereits gesehen haben, erzwingen aber Beobachtungen von Galaxien, Galaxienhaufen und der kosmischen Hintergrundstrahlung erhebliche Mengen an Dunkler Materie. Sie müsste also 95 Prozent aller Materie im Universum ausmachen, um die kritische Dichte zu erreichen – viel mehr, als man damals ermittelt hatte. Wo steckt der Rest, oder ist das Inflationsszenario falsch?

Dieses Problem wurde in den 1990er-Jahren auch an anderer Stelle evident. Mit dem Weltraumteleskop Hubble war es möglich geworden, die Ausdehnungsgeschwindigkeit des Universums, die Hubble-Konstante, genauer zu messen als je zuvor. Mit diesem Wert ergab sich ein geringes Weltalter von unter zehn Milliarden Jahren. Gleichzeitig datierten Astrophysiker damals die ältesten bekannten Sterne auf 16 Milliarden Jahre – ein eklatanter Widerspruch. Einige Kosmologen erwogen deshalb, eine physikalische Größe wiederzubeleben, die wir im letzten Kapitel als Einsteins größte Eselei kennengelernt haben: die Kosmologische Konstante, abgekürzt Lambda (Λ). Sie kann unter Umständen die Expansion des Raumes dominieren.

Schon Georges Lemaître hatte ihre Wirkung berechnet. Die anfängliche Expansion nach dem Urknall verlangsamte sich durch die Gravitation der Sterne, bis sie nahezu zum Stillstand kam. Es folgte eine von Lemaître als Bummelphase bezeichnete Ära, in dem der

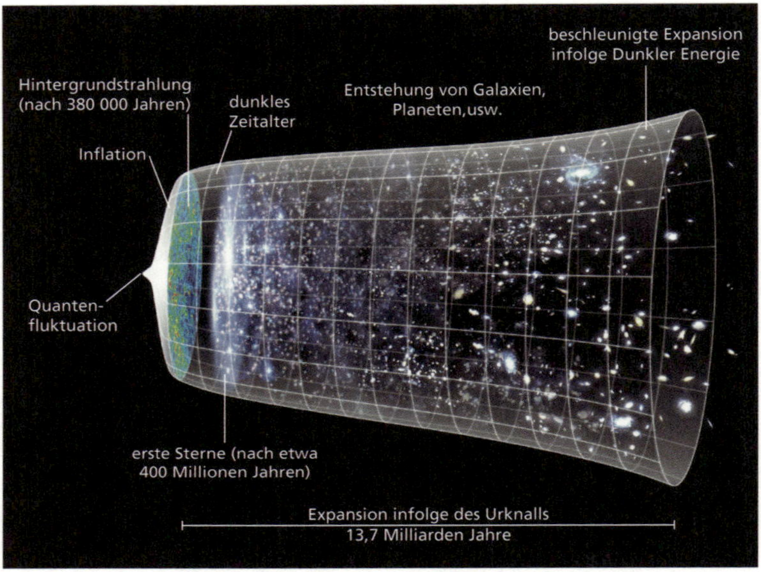

Abb. 4.5: Die Entwicklung des Universums seit dem Urknall aus einer Quantenfluktuation und der kosmischen Inflation mit exponentiellem Wachstum. 380.000 Jahre später wurde die kosmische Hintergrundstrahlung frei. Nach wenigen hundert Millionen Jahren entstanden die ersten Sterne. In folgenden Milliarden Jahren verlangsamte sich die Expansion wegen der Gravitation der Materie. Vor etwa fünf Milliarden Jahren wurde die Dunkle Energie dominant, was zu einer beschleunigten Expansion führte.

Raum sich fast gar nicht ausdehnte. Erst nach Milliarden von Jahren setzte durch das Wirken der Kosmologischen Konstante die Expansion wieder ein. Ein solcher Verlauf hat eine entscheidende Konsequenz: Die Hubble-Konstante kennzeichnet lediglich die heutige Ausdehnungsrate des Raumes. Nur wenn die Expansion vom Urknall bis heute mit konstanter Geschwindigkeit vor sich ging, lässt sich das Weltalter daraus einfach berechnen. Es ist so, als würde man ausrechnen, wie lange ein Auto für das Zurücklegen einer 100 Kilometer langen Strecke benötigt hat, wenn man am Ziel eine Geschwindigkeit von 50 Kilometer pro Stunde misst. Die Zeitspanne wächst, wenn man eine Bummelphase mit einkalkuliert, in der der Fahrer eine Pause eingelegt hat.

Obwohl sich einige Kosmologen mit der Idee der Kosmologischen Konstante anfreundeten, blieb doch deren Ursache vollkommen unklar. Die Quantentheorie hält die Möglichkeit einer Vakuumenergie bereit. Demnach entstehen im Vakuum ständig virtuelle Teilchen und verschwinden wieder. Dieser brodelnde Partikelsee im Mikrokosmos stellt ein Energiefeld dar. Schätzt man dessen Stärke ab, so findet man einen Wert, der um etwa 100 Zehnerpotenzen zu groß ist – die mit Abstand größte falsche Vorhersage in der Physik.

In dieser Phase der Ungewissheit verkündeten zwei Forschergruppen um Saul Perlmutter (Lawrence Berkeley National Laboratory) einerseits sowie Brian Schmidt (Australian National University in Weston Creek) und Adam Riess (Johns Hopkins University und Space Telescope Science Institute in Baltimore) andererseits eine sensationelle Beobachtung: Sie hatten die Geschwindigkeiten von unterschiedlich weit entfernten Galaxien gemessen und dabei herausgefunden, dass sich das Universum beschleunigt ausdehnt. Diese Erkenntnis erschien den Forschern anfangs so verrückt, dass sie sie selbst nicht glauben konnten. Doch nachfolgende Beobachtungen bestätigten ihr Ergebnis, wofür sie 2011 mit dem Physik-Nobelpreis ausgezeichnet wurden.

Eine beschleunigte Expansion ließ sich nur mit der Annahme erklären, dass ein Energiefeld der Schwerkraft entgegenwirkt und den Raum aufbläst. Diese „Dunkle Energie" hat genau die gleiche Wirkung, wie sie Lemaître für die Kosmologische Konstante annahm: In der ersten Phase nach dem Urknall überwog die Schwerkraft der im Universum vorhandenen Materie und bremste die Ausdehnung. Nach Milliarden von Jahren wurde die Dunkle Energie der Gravitation immer mehr ebenbürtig, so dass die Expansion in eine Bummelphase überging. Vor etwa fünf Milliarden Jahren übertrumpfte die wie ein Druck im Dampfkessel wirkende Dunkle Energie die Gravitation, blies den Raum immer stärker auf und trieb ihn in die heutige beschleunigte Ausdehnung. Wenn die Dunkle Energie die Eigenschaften der Kosmologischen Konstante besitzt, wird das Universum bis in alle Ewigkeit mit immer größerer Geschwindigkeit expandieren. Irgendwann wird diese Ausdehnung jede Art von Materiezusammenballung verhindern, womit auch keine neuen Sterne mehr entstehen können. Das Universum endet dann als dunkler, kalter und toter Raum.

Spannend ist nun der Wert der Dunklen Energie. Da jede Energie wegen $E = mc^2$ einer Materiemenge entspricht, führt sie auch zu einer Raumkrümmung. Wie wir den aktuellen Ergebnissen der Planck-Daten entnehmen, trägt die Dunkle Energie 69 Prozent zur kritischen Dichte bei. Addieren wir die Anteile der normalen Materie, der Dunklen Materie sowie der Dunklen Energie auf, kommen wir auf einen Wert $\Omega = 0{,}99918$. Innerhalb der Messgenauigkeit beträgt er eins. Dies ist eine starke Bestätigung von Alan Guths Theorie des inflationären Universums.

Das von Guth erwogene Higgs-Feld hat sich allerdings als ungeeignet erwiesen, weswegen die Theoretiker heute allgemein vom Inflatonfeld sprechen. Guths ursprüngliche Theorie wurde auch in andere Richtungen verändert und weiterentwickelt. Vor allem der russische Kosmologe Andrei Linde mit seiner Variante der „chaotischen Inflation“, nach der die inflationäre Expansion nur innerhalb verschiedener Blasen zum Erliegen kommt, in denen sich dann Teiluniversen bilden, und der US-Amerikaner Paul Steinhardt, der die Theorie eines Multiversums jedoch nie wirklich vertreten hat, waren frühe Pioniere.

Es gibt zudem zahlreiche Versuche, das Inflaton aus der Stringtheorie abzuleiten, mit der Physiker die Quantenphysik und die Relativitätstheorie vereinen wollen – beides bislang ohne Erfolg. Ohne

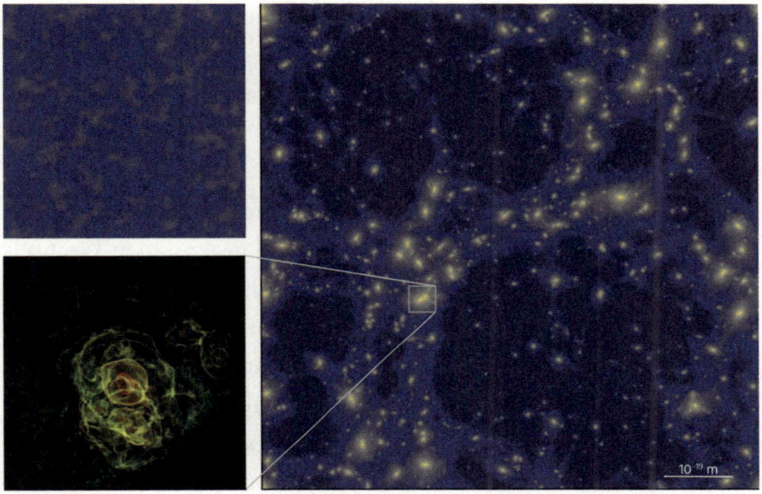

Abb. 4.6: Die Simulationsergebnisse des Inflatonfeldes zeigen das Anwachsen kleiner Überdichten kurz nach der Inflationsphase. Zwischen dem Anfangs- und Endzustand der Simulation (oben links bzw. rechts) expandierte der dargestellte Raum auf das zehnmillionenfache Volumen, ist jedoch noch immer um ein Vielfaches kleiner als das Innere eines Protons. Die vergrößerte Klumpung unten links hat eine Masse von ungefähr 20 Kilogramm.

die Natur des Inflatonfeldes zu kennen, gehen Physiker davon aus, dass es am Ende der inflationären Phase in Strahlung und Materie zerfiel und damit den heißen Urknall einläutete.

Es gibt auch Versuche, die Entwicklung des Inflatonfeldes mit Computermodellen zu simulieren. Dies gelang 2021 Jens Niemeyer von der Universität Göttingen. Seine noch mit Vorsicht zu genießenden Ergebnisse deuten darauf hin, dass auf die inflationäre Expansion eine Epoche folgte, die von einem oszillierenden Inflatonfeld dominiert wurde, das am Ende in winzige „Halos“ zerfiel (Abbildung 4.6). Diese besaßen Massen bis zu 20 Kilogramm und Radien in der Größenordnung von 10^{-20} Meter, was einem Hunderttausendstel des Protondurchmessers entspricht. Sie könnten die Keime gewesen sein, aus denen sich größere Verdichtungen entwickelten, wie wir sie in der kosmischen Hintergrundstrahlung sehen. „Das physikalische Raumvolumen, das unsere Simulation repräsentiert, würde millionenfach in ein Proton passen", erläutert Niemeyer und ergänzt: „Es ist wahrscheinlich die größte Simulation des kleinsten Bereichs des Universums, die bisher durchgeführt wurde."

Die Entstehung sowie die Bewegung und gegenseitige Wechselwirkung der Halostrukturen erzeugten Gravitationswellen, die sich in einem bestimmten Muster in der kosmischen Hintergrundstrahlung durchgepaust haben sollten. Physiker sagen, die Hintergrundstrahlung sei polarisiert, das heißt, sie schwingt zum Teil in einer Ebene. Im Jahr 2014 sorgte ein Team vom Harvard-Smithsonian Center for Astrophysics mit dem Teleskop BICEP2 (Background Imaging of Cosmic Extragalactic Polarization) für großes Aufsehen, als es die Entdeckung der Polarisation bekannt gab. Schnell war wieder einmal vom Aufspüren des Heiligen Grals die Rede, doch einige Kollegen waren skeptisch, weil der Messwert etwa doppelt so groß war wie erwartet und die Polarisation in den Daten des Planck-Satelliten bis dahin nicht gefunden worden war. Eine neuerliche, gemeinsame Analyse der BICEP2- und Planck-Teams führte dann zu der ernüchternden Erkenntnis, dass Staub innerhalb der Milchstraße das Licht der Hintergrundstrahlung polarisiert hat. Das bedeutet nicht das Aus für die Theorie des inflationären Universums und die darin entstandenen Gravitationswellen. Es ist durchaus möglich, dass das von ihnen verursachte Polarisationssignal in der kosmischen Hintergrundstrahlung vorhanden, aber anhand der verfügbaren Daten nicht nachweisbar ist. Derzeit laufen mehrere Experimente, um dieses Signal zu finden.

Heute bilden das inflationäre Universum, die Kosmologische Konstante Λ und die kalte Dunkle Materie (Cold Dark Matter) das kosmologische Standardmodell, abgekürzt ΛCDM. Dabei muss man sich jedoch stets vor Augen halten, dass wir die Natur der Dunklen Materie und der Dunklen Energie nicht kennen. 95 Prozent der im Universum agierenden Akteure sind uns unbekannt.

Es gibt aber auch Kosmologen, die Guths Theorie ablehnen. Zu ihren prominentesten Vertretern gehören der britische Nobelpreisträger und Autor Roger Penrose und inzwischen einer der frühen Mitstreiter für die Inflation, Paul Steinhardt. Letzterer überraschte seine Kollegen 2002 mit einer Alternative, die von einem zyklischen Universum ausgeht. Dieses „ekpyrotische" Universum vermeidet einen Urknall aus dem Nichts ohne Raum und Zeit. Mit dem Begriff Ekpyrosis, zu Deutsch etwa Weltenbrand, erinnerte Steinhardt an alte Mythen vom Ende der Welt in einem feurigen Untergang und dem Neuerstehen aus der Asche. Demnach existierte vor dem Urknall ein anderes Universum, das sich am Schluss zusammenzog und dann wieder expandierte. Der Urknall war hier nur ein Durchgangsstadium, ein Big Bounce anstelle eines Big Bang. Es gibt Rechnungen, die darauf hindeuten, dass die vorherige Kontraktionsphase relativ langsam verlaufen sein könnte und das nachfolgende Universum deswegen homogen und isotrop wurde. Doch stehen diese Untersuchungen noch am Anfang. Es besteht aber Hoffnung, dass sich in der kosmischen Hintergrundstrahlung Hinweise finden lassen, mit denen man zwischen Big Bang und Big Bounce unterscheiden kann. Was auch immer die Antwort sein wird: Dunkle Materie und Dunkle Energie sind in beiden Fällen für die Erklärung des Universums unerlässlich.

KAPITEL 5

DIE ENTSTEHUNG DER MATERIE

Die leichtesten chemischen Elemente sind bereits innerhalb der ersten Minuten nach dem Urknall entstanden. Ein Vergleich mit den heutigen Elementhäufigkeiten ermöglicht es, die Dichte der normalen baryonischen Materie im heutigen Universum zu berechnen. Dieser Wert stimmt sehr gut mit demjenigen überein, den man aus anderen astronomischen Beobachtungen erhält. Damit bestätigt die Theorie der Elemententstehung die Urknalltheorie. Zudem erzwingt sie die Schlussfolgerung, dass die Dunkle Materie nichtbaryonisch sein muss.

In den 1940er-Jahren hatten George Gamow und Kollegen im Rahmen der Theorie des heißen Urknalls die Synthese der Elemente berechnet (siehe Kapitel 3). Heute gilt dieses Szenario als gesichert, allerdings mit einer Einschränkung: Alle Elemente, die schwerer als Lithium sind, wurden erst später im Inneren von Sternen produziert. Aus diesen Fusionsreaktoren gelangten sie durch Sternwinde oder bei Supernova-Explosionen ins All, wo sie für den Aufbau der nächsten Generation von Sternen und Planeten zur Verfügung standen. Auf diese Weise reicherte sich das Universum im Laufe der Zeit mit schweren Elementen an.

DIE HEISSE ELEMENTEKÜCHE

Im Hinblick auf die normale Materie waren die ersten Minuten im Universum entscheidend. Mit bekannten Gesetzen aus der Kern- und Teilchenphysik lassen sich die Reaktionen in dem rasch expandierenden Feuerball berechnen. Experimente mit Beschleunigern liefern hierfür die physikalischen Größen. Im Large Hadron Collider (LHC) beispielsweise prallen Protonen mit so hoher Energie zusammen, dass in der Kollisionszone kurzzeitig Bedingungen entstehen, wie sie etwa eine billionstel Sekunde nach dem Urknall herrschten. Über die Vorgänge davor sind die Physiker auf mehr oder weniger gut begründete Spekulationen angewiesen.

Eine definitive Grenze, an der die Quantenphysik und die Relativitätstheorie ihre Gültigkeit verlieren, ist die Planck-Epoche vor dem Zeitpunkt 10^{-43} Sekunden. In einer extrem kurzen Phase danach waren vermutlich die fundamentalen Naturkräfte, die Gravitation, die elektromagnetische sowie die schwache und die starke Kernkraft, in einer Urkraft vereint. Als erste wurde die Gravitation selbstständig, danach folgte die starke Kraft. Dann setzte die inflationäre Phase ein, nach der sich die elektroschwache Kraft in die elektromagnetische und die schwache Kraft aufspaltete: Die Urkraft zerfiel damit endgültig in ihre heutigen Bestandteile. Diese elektroschwache Epoche endete eine billionstel Sekunde nach dem Urknall – und der Zustand, in dem sich das Universum damals befand, ist heute mit dem LHC erreichbar.

In den anschließenden Epochen der Quarks und Hadronen verlieh das Higgs-Feld den Elementarteilchen ihre Masse, und Quarks verbanden sich zu Hadronen (Protonen und Neutronen). Zum damaligen Zeitpunkt gab es etwa genauso viele Teilchen wie Antiteilchen. Stieß ein Teilchen mit seinem Antipartner zusammen, so zerstörten sich die beiden vollständig und gingen in Strahlung auf. Hätte es damals genauso viele Teilchen wie Antiteilchen gegeben, wäre das Universum heute erfüllt von Strahlung; Materie gäbe es nicht. Eine leichte Asymmetrie sorgte aber dafür, dass sich nicht alle Teilchen und Antiteilchen vernichteten. Nur etwa eines von einigen Milliarden Teilchen blieb übrig. Dieser Überschuss, dessen Ursache unklar ist, bildet die heutige normale baryonische Materie. Auf dieses Phänomen kommen wir im nächsten Kapitel noch einmal zurück.

Am Ende der Hadronen-Epoche war das Universum etwa eine Sekunde alt, die Temperatur auf zehn Milliarden Grad gefallen. Jetzt waren die Bedingungen genau richtig, damit sich Protonen und Neutronen zu ersten Atomkernen verbinden konnten. Damit begann die sogenannte primordiale (oder Urknall-)Nukleosynthese.

Die Entstehung der Elemente war ein Wettlauf mit der Zeit. Im heißen, dichten Gas verschmolzen Protonen und Neutronen, gleichzeitig zerfielen freie Neutronen, die eine mittlere Lebensdauer von knapp 15 Minuten besitzen. Außerdem verdünnten sich wegen der Expansion des Raumes Strahlung und Materie und kühlten sich ab. Als das Gas eine bestimmte Dichte und Temperatur erreicht hatte, konnten sich keine weiteren Atomkerne mehr bilden – die bestehenden Häufigkeiten wurden „eingefroren". Das war nach etwa 1000 Sekunden der Fall, als die Temperatur auf rund 300 Millionen Grad gesunken war. Doch was passierte bis dahin?

Die Elemente wurden schrittweise aufgebaut. Protonen (p), die gleichzeitig Wasserstoffatomkerne sind, und Neutronen (n) verbanden sich zum nächst schwereren Kern des Wasserstoffisotops Deuterium

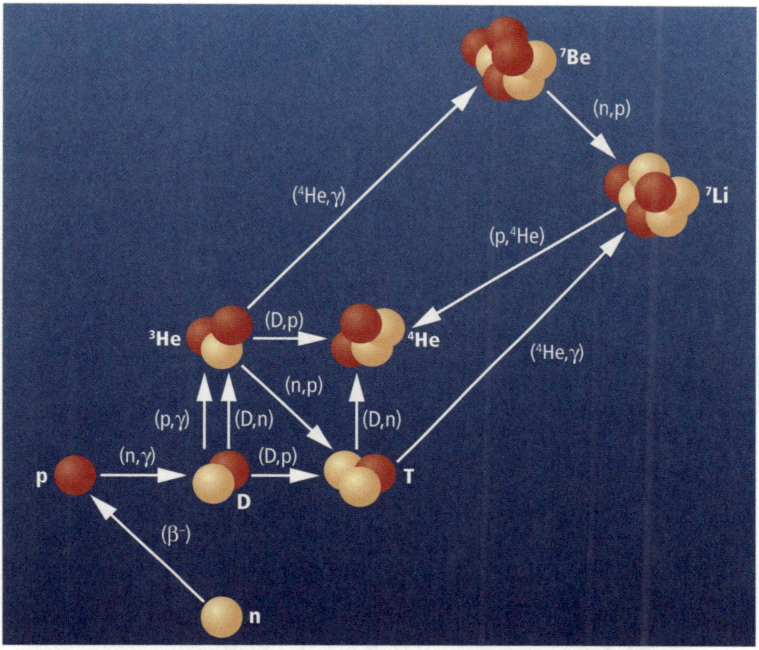

Abb. 5.1: Teil des Nukleosynthese-Netzwerks, in dem die ersten leichten Elemente entstanden

(1p + 1n). Fing ein solcher Kern ein weiteres Proton oder Neutron ein, so entstanden Helium-3 (2p + 1n) beziehungsweise Tritium (1p + 2n). Diese beiden Kerne konnten zu Helium-4 (2p + 2n) anwachsen. Außerdem entstanden kleine Mengen an Lithium-7 (3p + 4n) und Beryllium-7 (4p + 3n). Da die Protonen positiv geladen sind, wächst die elektrische Abstoßung mit jedem Proton im Kern an. Je größer ein Kern ist, desto größer muss demnach die Energie eines weiteren Protons sein, um diese elektrische Barriere zu überwinden und in den Kern einzudringen. Da die Temperatur immer weiter sank, verloren die Protonen jedoch an Energie, so dass sich keine nennenswerten Anteile an schwereren Atomkernen als Helium-4 bilden

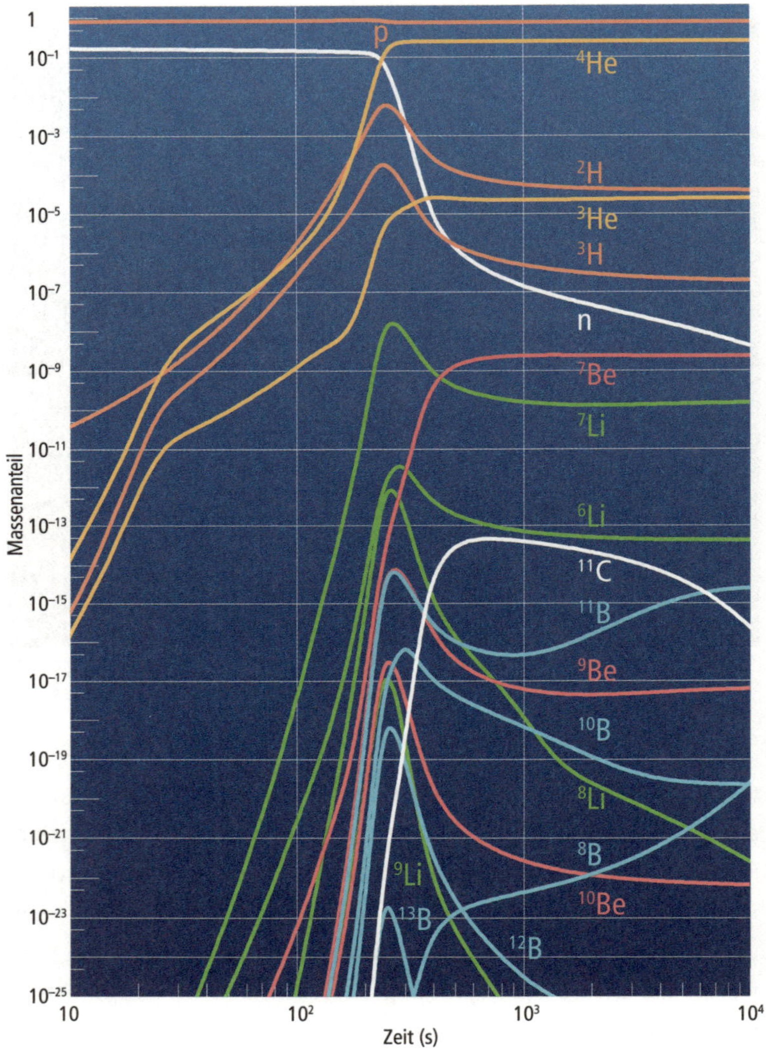

Abb. 5.2: Die Häufigkeiten der ersten Elemente schwankten anfänglich wegen der sich ständig verändernden physikalischen Verhältnisse, bis nach etwa drei Stunden ein Gleichgewicht erreicht war.

konnten. Dieser Kern ist zudem sehr stabil, weshalb Helium am Ende der Elementsynthese-Ära nach Wasserstoff das mit Abstand häufigste Element war.

Die Abbildung 5.1 zeigt die wichtigsten Schritte in einem Netzwerk, das mit mittlerweile mehr als 400 Reaktionen gerechnet wird. Die Nukleosynthese-Rechnungen ergeben eine überwältigende Mehrheit für das leichteste Element Wasserstoff (p oder ^{1}H) von 75 Prozent, gefolgt von Helium-4 (^{4}He) mit fast 25 Prozent. Deuterium (D oder ^{2}H) und Helium-3 (^{3}He) kommen nur in Spuren von einigen Hunderttausendsteln vor, Lithium-7 (^{7}Li) sogar nur in wenigen Zehnmilliardsteln (Abbildung 5.2). Die größten Unsicherheiten in diesen Rechnungen bergen heute die exakte Lebensdauer des Neutrons mit 879,5 s ± 0,5 s und die Reaktionsraten von Wasserstoff zu Deuterium über Neutroneneinfang und Deuterium zu Helium-3, die bis auf ein Prozent genau bekannt sind.

Der Clou ist nun, dass man diese Urknallhäufigkeiten mit den heute im Universum messbaren vergleichen und damit die Rechnungen überprüfen kann. Dabei gilt es zu bedenken, dass sich diese Häufigkeiten bis heute verändert haben können, zum Beispiel durch Kernreaktionen in Sternen. Schließlich hat das Universum eine chemische Entwicklung durchgemacht. Man muss also Objekte finden, an denen man die Auswirkungen dieser Evolution messen kann.

Hierfür eignen sich vor allem Sauerstoff und Stickstoff als Marker, denn sie sind definitiv nicht im Urknall entstanden, sondern erst in nachfolgenden Sternen. Je mehr Sauerstoff und Stickstoff ein Stern enthält, desto mehr müssen die Häufigkeiten der leichten Elemente durch Kernfusion verändert worden sein. Findet man Sterne mit extrem wenig Sauerstoff und Stickstoff, so sollte deren Gehalt an Helium oder Deuterium weitgehend dem aus dem Urknall entsprechen. So fand man heraus, dass der Helium-4-Gehalt linear mit dem Sauerstoffgehalt ansteigt, Helium-4 wurde also im Laufe der chemischen Evolution produziert. Diese durch astronomische Beobachtungen gefundene Beziehung kann man zu einem Sauerstoffgehalt von null extrapolieren und so den ursprünglichen oder primordialen Gehalt an Helium-4 finden.

Diese seit Jahrzehnten laufenden Untersuchungen haben zu extrem genauen Werten geführt. In der Tabelle unten sind die neuesten Messergebnisse und deren Fehler den theoretischen Werten gegenübergestellt. Man erkennt, dass die Werte für Helium-4, Deuterium und Helium-3 mit einer Genauigkeit von wenigen Prozent übereinstimmen. Es gibt nur ein Element, das aus der Reihe tanzt: Lithium-7. Es müsste rund dreimal mehr davon geben, als man beobachtet.

Theoretische und gemessene Elementhäufigkeiten

Element	theoretische Häufigkeit	gemessene Häufigkeit
^{4}He [%]	24,84 ± 0,02	24,49 ± 0,4
D/H [10^{-5}]	2,45 ± 0,05	2,53 ± 0,04
^{3}He/H [10^{-5}]	1,07 ± 0,03	0,9 bis 1,3
^{7}Li/H [10^{-10}]	5,61 ± 0,26	1,58 ± 0,31

Für dieses seit Langem bekannte Problem hat es viele Lösungsvorschläge gegeben. So ist bekannt, dass Lithium-7 im Inneren von Sternen durch Kernfusion erzeugt, durch andere Prozesse aber zerstört wird. Welcher Prozess unter welchen Bedingungen überwiegt, ist nicht klar. Möglicherweise hängt es von der Sternmasse ab. Außerdem entsteht Lithium-7, wenn sehr schnelle, hochenergetische Protonen der kosmischen Strahlung auf interstellares Gas prallen. Möglicherweise hat man auch noch astrophysikalische Prozesse übersehen, die Lithium zerstören. Klar ist jedoch, dass diese Vorgänge die ursprüngliche Häufigkeit nach dem Urknall verändert haben.

Wie auch immer das Lithium-7-Problem gelöst wird, alle anderen Häufigkeiten stimmen extrem gut mit den Synthesemodellen überein. Dies gilt als weitere überzeugende Bestätigung des Urknallmodells. Gleichzeitig verraten diese Syntheserechnungen aber auch viel über die Dunkle Materie, denn die Ergebnisse hängen empfindlich von der Dichte der Neutronen und Protonen, also der normalen baryonischen Materie, ab. Bei großer Dichte laufen die Kernreaktionen häufiger ab, die Produktion von Helium-4 über die Zwischenstufen Deuterium und Helium-3 erfolgt schneller, und die freien Neutronen haben weniger Zeit, in Protonen zu zerfallen. Insgesamt wird mehr Helium-4 und weniger Deuterium und Helium-3 produziert. Bei geringerer Dichte entsteht mehr Deuterium und Helium-3 auf Kosten von Helium-4. Das eröffnet die Möglichkeit, aus den gemessenen Häufigkeiten dieser leichten Elemente die Materiedichte zur damaligen Zeit zu ermitteln. Und daraus ergibt sich direkt die Dichte der Baryonen (Protonen plus Neutronen) im heutigen Universum.

Die Kosmologen tragen dieses Ergebnis in geeigneten Grafiken meist nicht direkt als Materiedichte auf, sondern als Verhältnis Eta (η) der Baryonen zu den Photonen in der kosmischen Hintergrundstrahlung. Dieses Verhältnis ist über die gesamte Evolution des Universums konstant geblieben und steht in direktem Zusammenhang mit der Dichte der Kernbausteine im frühen Universum.

Die Abbildung 5.3 zeigt die gemessenen (grün) und die theoretischen Eta-Werte (blau) in einem möglichen Bereich zwischen 10^{-9} und 10^{-10} für Helium-4, Helium-3 und Deuterium. Ein Wert von beispielsweise 10^{-9} entspricht einem Proton oder Neutron auf eine Milliarde Photonen. Für Helium-4 ist es üblich, das Massenverhältnis zur Gesamtmasse aller Protonen und Neutronen aufzutragen, für die anderen Elemente wird die Häufigkeit im Verhältnis zu Wasserstoff (H) gezeigt. Am besten stimmen die Werte für $\eta = 6{,}1 \cdot 10^{-10}$ überein. Dies lässt sich mit der Hubble-Konstante in

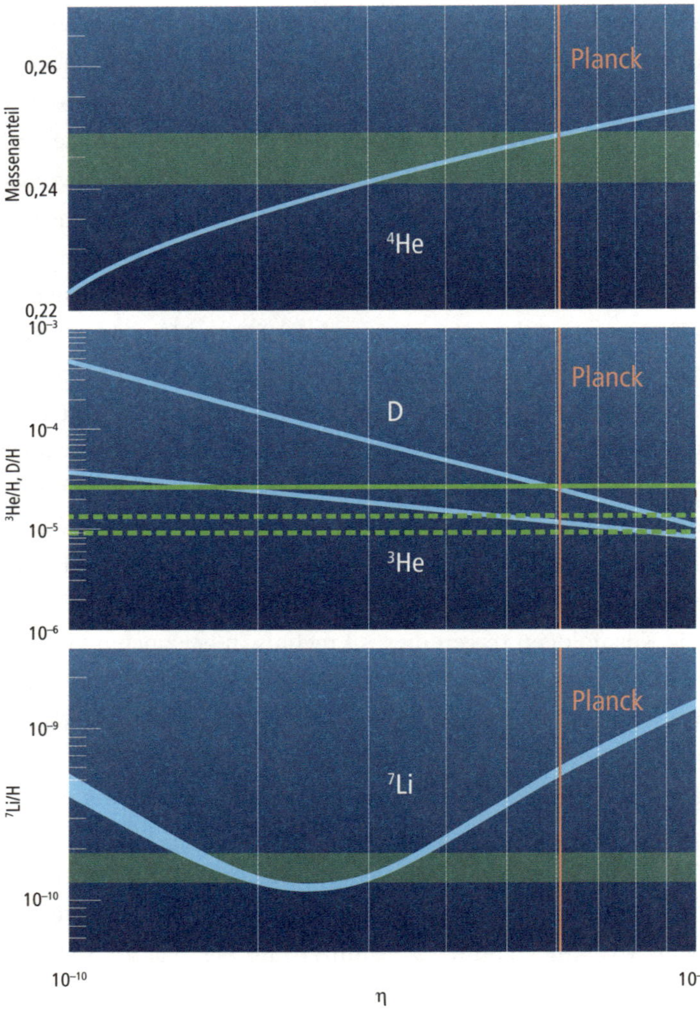

Abb. 5.3: Die blauen Kurven zeigen die berechneten Häufigkeiten der leichten Elemente in Abhängigkeit von der Baryonendichte η, die waagerechten grünen Streifen repräsentieren die gemessenen Häufigkeitswerte. Die senkrechte orange Linie kennzeichnet den mit dem Planck-Satelliten direkt aus der kosmischen Hintergrundstrahlung ermittelten Wert. Es ergibt sich $\eta = 6{,}1 \cdot 10^{-10}$, nur bei Lithium zeigt sich die bekannte Abweichung.

die heutige Dichte der normalen baryonischen Materie umrechnen. Es ergibt sich ein Anteil an der Gesamtmasse von 4,736 ± 0,03 Prozent. Wie wir im Kapitel 3 gesehen haben, lässt sich auch aus dem Leistungsspektrum der kosmischen Hintergrundstrahlung die Materiedichte und deren Anteil errechnen. Der Wert von 4,858 Prozent stimmt sehr gut mit dem aus der Urknallsynthese überein. Führt man diese beiden Datensätze zusammen, so ergibt sich für die normale baryonische Materie ein Anteil von 4,790 Prozent.

Die Übereinstimmung der Werte für die Baryonendichte aus den Beobachtungen der kosmischen Hintergrundstrahlung und der Urknallsynthese mit dieser Genauigkeit ist ein Höhepunkt jahrzehntelanger kosmologischer Forschung. Sie demonstriert in beeindruckender Weise die innere Konsistenz unseres heutigen Weltbildes.

Wenn aber die normale Materie nur knapp fünf Prozent zur kritischen Materie beiträgt, andere Analysen jedoch verlangen, dass wir in einem Universum mit der kritischen Dichte $\Omega = 1$ leben, kann die restliche Materie keine normale baryonische Materie sein. Würden die fehlenden 26 Prozent irgendeine Form der normalen Materie sein, so hätte die Urknallsynthese völlig andere Häufigkeiten hervorgebracht, die mit unseren Messungen nicht übereinstimmen würden. Zum Beispiel wäre so gut wie kein Deuterium entstanden. Das ist ein weiterer überzeugender Beweis für die nichtbaryonische Natur der Dunklen Materie. Es sei denn, die Dunkle Materie hätte schon vor der Ära der Nukleosynthese existiert und nicht in die Reaktionen eingegriffen. Sogenannte primordiale Schwarze Löcher wären hierfür Kandidaten. Wie man diese Exoten und andere Mitbewerber für die Dunkle Materie aufspüren will, erfahren Sie in den beiden folgenden Kapiteln.

DIE FRÜHE ENTWICKLUNG DES UNIVERSUMS

Epochenbezeichnung sowie Zeit und Temperatur am Ende der Epoche:

Planck-Epoche, 10^{-43} s, 10^{32} K:
Die Planck-Skala ist die physikalische Skala, unterhalb derer physikalische Theorien nicht mehr gelten.

Große Vereinheitlichung, 10^{-36} s, 10^{29} K
Die Gravitation sowie die elektroschwache und die starke Kernkraft sind anfänglich vereinigt. In dieser Phase spalten sich die Gravitation und die starke Kernkraft ab.

Inflationäre Expansion, 10^{-32} s, 10^{22} K
Die kosmische Inflation bläht den Raum exponentiell auf.

Elektroschwache Epoche, 10^{-12} s, 10^{15} K
Am Ende dieser Epoche trennen sich auch die elektromagnetische und die schwache Kraft. Diese Phase entspricht der höchsten Energie, die im Large Hadron Collider erreichbar ist.

Quark-Epoche, 10^{-5} s, 10^{12} K
Das Higgs-Feld verleiht den Elementarteilchen ihre Masse. Die Temperatur ist aber noch zu hoch für Quarks, um zu Hadronen (Protonen und Neutronen) zu verschmelzen, stattdessen bildet sich ein Quark-Gluon-Plasma.

Hadronen-Epoche, 1s, 10^{10} K
Quarks verbinden sich zu Hadronen. Eine leichte Materie-Antimaterie-Asymmetrie sorgt dafür, dass sich nicht alle Teilchen und Antiteilchen vernichten. Nur etwa eines von mehreren Milliarden Teilchen bleibt übrig. Dieser Überschuss bildet die heutige normale baryonische Materie.

Primordiale Nukleosynthese, 1000 s, 10^7K
Protonen und Neutronen verbinden sich zu den ersten Atomkernen Wasserstoff und Helium-4. Es bilden sich auch Spuren von Deuterium, Helium-3 und Lithium-7. Am Ende dieser Epoche besitzt das Universum einen Radius von etwa 300 Lichtjahren, die Dichte der baryonischen Materie liegt bei vier Gramm pro Kubikmeter (entsprechend einem Druck von etwa 0,003 Atmosphären).

Photonen-Epoche, 380.000 Jahre, 4000 K
Elektronen und Atomkerne verbinden sich zu neutralen Atomen, die Photonen werden frei und sind heute als kosmische Hintergrundstrahlung beobachtbar. Das Universum besitzt einen Radius von 42 Millionen Lichtjahren. Die Dichte der baryonischen Materie beträgt etwa 500 Millionen Wasserstoff- und Heliumatome pro Kubikmeter, dies entspricht einem Druck in der Größenordnung von 10^{-17} Atmosphären.

KAPITEL 6

EXPERIMENTELLE FAHNDUNG AUF DER ERDE

Das heutige Standardmodell der Teilchenphysik ist sehr erfolgreich, kann aber nicht der Weisheit letzter Schluss sein. Es beinhaltet weder Teilchen der Dunklen Materie noch die Dunkle Energie. Deshalb wäre die Entdeckung der Dunkle-Materie-Teilchen nicht nur ein Durchbruch in der Astrophysik, sondern auch eine Revolution der Physik insgesamt. Ideen zur Identität dieser ominösen Teilchen gibt es reichlich.

Es gehört zu den großen Mysterien, dass die ungeheure Vielfalt der belebten und unbelebten Natur auf wenigen elementaren Grundbausteinen beruht. Für die stabile Materie sind im Wesentlichen zwei Arten von Quarks sowie Elektronen nötig. Hinzu kommen sogenannte Wechselwirkungsteilchen, die die Kräfte zwischen den Materieteilchen vermitteln. Eigentlich hätte die Natur es dabei belassen können, aber sie hat zudem weitere Quarks und Leptonen, darunter auch Neutrinos erfunden, die vor allem beim Zerfall von Atomkernen

Abb. 6.1: Das Standardmodell der Elementarteilchen umfasst sechs Quarks und sechs Leptonen (davon drei geladen und drei ungeladen) sowie das Higgs-Boson und weitere Wechselwirkungsteilchen. Die Quarks und Leptonen sind unterteilt in drei Familien oder Generationen.

auftreten. Über allen steht das Higgs-Boson, das einigen Teilchen ihre Masse verleiht. Ohne das Higgs gäbe es keine feste Materie. Das Standardmodell der Elementarteilchen fasst unsere Kenntnisse über die Bausteine der Welt zusammen.

DAS STANDARDMODELL

Das vor allem von Murray Gell-Mann und George Zweig entwickelte ursprüngliche Standardmodell aus den frühen 1960er-Jahren basierte auf einer vollständigen mathematischen Symmetrie. Das war sehr elegant, hatte aber einen entscheidenden Schönheitsfehler: Alle Teilchen waren masselos. Damit konnte es gar keine Materie geben. In diese scheinbar ausweglose Situation brachten Peter Higgs von der University of Edinburgh sowie Robert Brout und François Englert von der Freien Universität Brüssel neues Leben. Sie sagten voraus, dass das Universum von einem Feld durchzogen ist, das manchen Teilchen Masse verleiht, anderen nicht. Man kann sich das so vorstellen, als wäre der Raum mit einer Substanz erfüllt. Einige Teilchensorten werden von diesem Stoff gebremst und gewissermaßen schwer. Sie erhalten dadurch Masse und können sich nur langsam bewegen. Je stärker sie in dem Feld abgebremst werden, desto schwerer sind sie. Andere Teilchen wie die Photonen spüren das Feld überhaupt nicht und bewegen sich darin völlig ungehindert. Sie sind masselos und immer mit Lichtgeschwindigkeit unterwegs. Ohne dieses Energiefeld gäbe es im Universum keinerlei feste Materie, kein Leben: Es wäre erfüllt von lichtschnell umhersausenden Teilchen.

Das Higgs-Feld schwingt, wenn energiereiche Teilchen hindurchfliegen. Eine solche Schwingung macht sich als Higgs-Teilchen bemerkbar, das man auch erzeugen kann, indem man Teilchen in einem Beschleuniger mit hoher Energie aufeinanderschießt. In diesem „Feuerball" kann es sich materialisieren. Seine Entdeckung im Jahr 2012 mit dem LHC gilt als krönende Bestätigung des Standardmodells. Higgs und Englert erhielten im Jahr darauf für ihre bahnbrechenden Arbeiten den Physik-Nobelpreis, Brout war zwei Jahre zuvor gestorben.

Das Standardmodell enthält demnach 16 Materie- und Kraft- sowie das Higgs-Teilchen. In der Natur bilden aber nur vier Teilchen der ersten Familie oder Generation die stabile Materie. Es sind zwei Quarks, genannt Up und Down, sowie das Elektron und das Elektronneutrino. Während die Neutrinos elektrisch neutral sind, tragen die Quarks und Elektronen Ladung. Die Ladung des Elektrons bezeichnet man als negative Einheitsladung (-1 e). In dieser Einheit besitzen das Up-Quark die Ladung +2/3 e und das Down-Quark -1/3 e.

Dieser ebenso wunderbaren wie unerklärlichen Feinabstimmung der Ladungen ist es zu verdanken, dass es überhaupt elektrisch neutrale Materie gibt: Zwei Up-Quarks (+4/3 e) und ein Down-Quark

(-1/3 e) bilden ein Proton mit einer positiven elektrischen Elementarladung. Deren Stärke ist exakt gleich groß, aber entgegengesetzt zu der des Elektrons. Zwei Down-Quarks (-2/3 e) und ein Up-Quark (+2/3 e) bilden zusammen ein Neutron, das elektrisch neutral ist. Atome bestehen im Kern aus Neutronen und Protonen, wobei die Anzahl der Protonen das jeweilige Element bestimmt: Wasserstoff besitzt ein Proton, Helium zwei, Lithium drei und so weiter. Die Anzahl der Protonen im Kern spiegelt sich im Periodensystem der Elemente wider. Ein Atomkern ist umgeben von einer Wolke aus Elektronen, wobei die Anzahl der Elektronen genauso groß ist wie die der Protonen. Aus diesem Grund ist ein Atom nach außen elektrisch neutral. Atome finden sich zu Molekülen zusammen, die ebenso neutral sind. Daher ist beispielsweise dieses Buch, das Sie gerade in der Hand halten, nicht elektrisch geladen.

Die Teilchen der zweiten und dritten Generation sind massereicher als die der ersten, aber instabil. Sie zerfallen bereits nach Bruchteilen von Sekunden und kommen in der Natur nur kurzzeitig in der Folge von Kernreaktionen oder in Beschleunigerexperimenten vor. In der zweiten Generation finden sich das Charm- und das Strange-Quark sowie die Leptonen Myon und Myonneutrino. Die dritte Generation bilden das Bottom- und Top-Quark sowie das Tauon und Tauneutrino.

Zu den Materieteilchen gesellen sich die Kraft- oder wie Physiker sagen Wechselwirkungs- oder Austauschteilchen (Abbildung 6.2). Die Gluonen „verkleben" als starke Kraft die Quarks im Proton und Neutron. Die W- und Z-Bosonen agieren ebenfalls innerhalb des Atomkerns und vermitteln die schwache Kraft zwischen Quarks und Elektronen. Die schwache Kraft ist auch für den radioaktiven Zerfall von Atomkernen verantwortlich. Und schließlich übertragen Photonen die elektromagnetische Kraft. Auch innerhalb dieser Teilchengruppe herrscht keine vollständige Symmetrie: Während Photonen

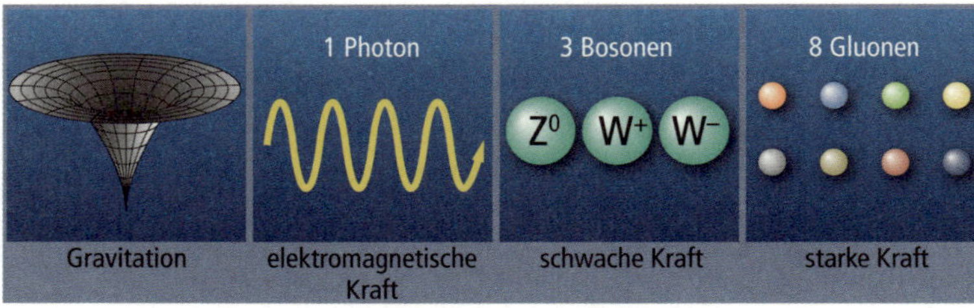

Abb. 6.2: Die vier Grundkräfte und ihre Austauschteilchen. Ob auch die Gravitation ein Wechselwirkungsteilchen besitzt, ist bislang nicht bekannt.

sicher und Gluonen wahrscheinlich masselos sind, besitzen W- und Z-Teilchen sehr hohe Massen.

Zu jeder Teilchenart gibt es jeweils ein Antiteilchen. Antiteilchen gleichen ihren Partnern wie ein Ei dem anderen bis auf einen Unterschied: Ihre elektrische Ladung ist genau gleich groß, aber entgegengesetzt. Sobald sich Teilchen und Antiteilchen zu nahe kommen, zerstrahlen sie vollständig in einem Lichtblitz.

Das Standardmodell erklärt alle bisherigen Teilchenexperimente mit extrem hoher Genauigkeit. Aber es hat auch Schwachstellen. So gibt es etwa 27 physikalische Größen, die sich nicht aus der Theorie ergeben, sondern als Messgrößen hineingesteckt werden müssen. Die Massen der Teilchen überdecken ohne erkennbare Regel einen enormen Bereich von mehr als elf Größenordnungen (Abbildung 6.3). Die Theorie liefert keinen Hinweis auf die Werte.

Im Zusammenhang mit Antimaterie tritt ein bereits im vergangenen Kapitel angesprochenes Problem auf. Das selbstzerstörerische Verhalten von Materie und Antimaterie muss bei der Entstehung des Universums eine entscheidende Rolle gespielt haben. In den ersten milliardstel Sekunden nach dem Urknall war das extrem heiße Weltall erfüllt von Strahlung und Materie. Ständig vernichteten sich Teilchen-Antiteilchen-Partner gegenseitig, und umgekehrt formten sich aus Strahlung solche Paare.

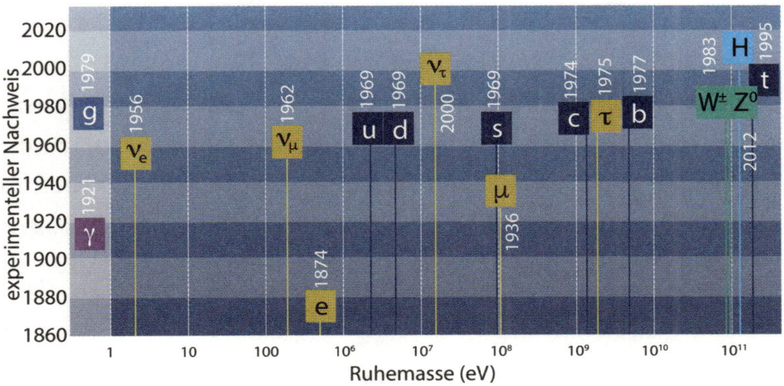

Abb. 6.3: Die Massen der Elementarteilchen (in Elektronvolt) und ihr Entdeckungsjahr

Eigentlich hätte nach diesem Existenzkampf nur Strahlung übrig bleiben müssen. Da es aber Materie gibt, muss in der ersten Phase des Universums ein winziges Ungleichgewicht geherrscht haben: Beim Zerstrahlen von Milliarden Materie-Antimaterie-Paaren blieb rund ein Teilchen übrig. Das ist etwa so, als würden an einem Tag alle auf der Erde lebenden Männer und Frauen heiraten und dabei bliebe ein Mensch übrig. Diese Differenz erscheint sehr gering, kann aber kein Zufall sein. Dieser winzigen Abweichung von der perfekten Symmetrie zwischen Materie und Antimaterie verdanken wir unsere Existenz.

Ende der 1960er-Jahre kam der russische Physiker Andrei Sacharow auf die Idee, dass eine kurz zuvor entdeckte Asymmetrie bei bestimmten Materie- und deren Antimaterieteilchen, die sogenannte CP-Verletzung, die Erklärung für die fundamentale Frage liefern könnte, warum es im Universum Materie gibt. Nach Sacharows Theorie könnte die CP-Verletzung im frühen Universum den winzigen Materieüberschuss bewirkt haben. Durch die Expansion verdünnten sich Strahlung und Materie immer weiter, bis schließlich keine Teilchenkollisionen mehr stattfanden. In diesem Moment wurde die

Asymmetrie gewissermaßen eingefroren und die Existenz der Materie im Universum festgeschrieben.

CP-Verletzungen wurden mittlerweile bei verschiedenen Teilchensorten gemessen, doch sind sie in allen Fällen wohl zu klein, um die Mengen an Materie durch den Sacharowschen Vorgang erklären zu können. Die Erforschung der CP-Verletzung, jüngst auch bei Neutrinos, gehört zu den dringlichsten Aufgaben der Teilchenphysik.

NEUTRINOS SIND ZU LEICHT

Zu Beginn der Dunkle-Materie-Forschung zogen einige Kosmologen Neutrinos als Dunkle-Materie-Teilchen in Erwägung. Hierzu trug vor allem die Behauptung einer Moskauer Gruppe im Jahr 1980 bei, wonach diese Teilchen eine Masse von 30 Elektronvolt besitzen sollten. Die nachfolgende Rücknahme dieses falschen Messergebnisses sowie die ersten Simulationen der großräumigen kosmischen Strukturen schlossen diese Teilchen dann aber weitgehend aus (siehe Kapitel 2 und 3). Dennoch ist die Frage nach der Masse von Neutrinos bis heute aktuell.

Der Physiker Wolfgang Pauli sagte die Existenz von Neutrinos 1930 theoretisch vorher, entdeckt wurden sie jedoch erst ein Vierteljahrhundert später. Der Grund für die lange Suche ist die „Flüchtigkeit" dieser Teilchen. Mühelos durchdringen sie jede Art von Materie. Von einem Neutrinostrahl, der durch einen ein Lichtjahr dicken Bleiklotz fliegt, würde lediglich jedes tausendste Teilchen steckenbleiben! Kein Wunder, dass sie so schwer nachweisbar sind.

Im Urknall entstanden Neutrinos in einer enorm großen Zahl, und auch heute noch werden sie bei Kernreaktionen im Inneren der Sterne erzeugt. Neben Photonen sind sie die häufigsten bekannten Teilchen im Universum: Rund 330 von ihnen befinden sich in jedem

Abb. 6.4: Raymond Davis' Chlordetektor zum Nachweis solarer Neutrinos

Kubikzentimeter. Das heißt, auf jedes Proton im Universum kommen rund eine Milliarde Neutrinos.

Anfänglich galten Neutrinos wie Photonen als masselos. Daran kamen Ende der 1960er-Jahre Zweifel auf. Damals baute Raymond Davis vom Brookhaven National Laboratory in einem ehemaligen Bergwerksstollen in South Dakota, USA, einen Detektor auf, mit dem er erstmals Elektronneutrinos nachweisen wollte, die bei Kernfusionsreaktionen im Inneren der Sonne entstehen. Als Nachweisgerät diente ihm ein Tank mit 380.000 Liter Perchlorethylen. Reagiert ein Neutrino mit einem Chloratom, so wandelt sich dieses in ein radioaktives Argonatom um, das sich beim anschließenden Zerfall durch einen Lichtblitz verrät. Davis musste eine bestimmte Zeit warten und dann die entstandenen Argonatome mit einem speziellen Messgerät zählen. Damit konnte er auf die Gesamtzahl der solaren Neutrinos schließen.

Was sich im Prinzip einfach anhört, war eine einzigartige Pionierleistung. In jeder Sekunde durchqueren auf der Erde etwa 60 Milliarden solare Neutrinos eine Fläche von der Größe eines Daumennagels. Dennoch stößt kaum ein Dutzend von ihnen mit einem Atom im Erdinneren zusammen. Der Rest fliegt ungestört durch unseren Planeten hindurch. Fachleute erwarteten in Davis' Detektor nicht einmal eine Neutrinoreaktion pro Tag. Es ging also darum, wirklich einzelne Argonatome in diesem riesigen Tank zu messen. Deswegen befand sich das Experiment auch in 1400 Meter Tiefe. Dort schützte es der darüberliegende Fels vor der kosmischen Strahlung, die im Detektor ein regelrechtes Feuerwerk entfacht und die Messung der Neutrinos verhindert hätte.

Der erste Nachweis von Sonnenneutrinos gelang dann Anfang der 1970er-Jahre. Überraschenderweise fand Davis jedoch nur etwa ein Drittel der berechneten Rate. Dieser Befund ließ Zweifel sowohl an der Messung als auch an dem damaligen Modell der Energieerzeugung im Inneren der Sonne aufkommen. Andere Experimente bestätigten jedoch Davis' Messungen, so dass die Physiker das Rätsel der fehlenden Neutrinos in einer speziellen Eigenschaft dieser Teilchen sahen. Schon 1957 hatte Bruno Pontecorvo vom Institut für Kernforschung in Dubna (damalige Sowjetunion) angenommen, dass sich die unterschiedlichen Neutrinosorten ineinander umwandeln können. Physiker sprechen von Oszillationen. Davis konnte mit seinem Detektor ausschließlich Elektronneutrinos nachweisen, die tatsächlich in großer Zahl im Inneren der Sonne frei werden. Auf dem Weg zur Erde wandelten sich aber nach Pontecorvos Theorie einige von ihnen in die anderen beiden Sorten um. Und für diese war Davis' Detektor blind. Es sollte jedoch noch bis zum Jahr 2001 dauern, bis die Oszillationserklärung für das solare Neutrinodefizit hieb- und stichfest war und alle anderen Hypothesen ausgeschlossen werden konnten.

Entscheidend ist nun: Neutrinos können nur dann oszillieren, wenn sie eine Masse besitzen. Waren die „Geisterteilchen" damit auch wieder als Kandidaten für Dunkle Materie im Rennen?

Pontecorvos Theorie der Neutrinooszillationen ist heute unbestritten. Sie ließ sich für Neutrinos von der Sonne ebenso bestätigen wie für solche aus Kernreaktoren und Teilchenbeschleunigern. Diese Messungen geben auch Hinweise auf die Masse der Teilchen. Leider sind sie nicht eindeutig. Beobachtet man zum Beispiel die Umwandlung von Elektron- in Myonneutrinos, so liefern die Messungen nur eine Information über die Differenz der Massen dieser beiden Sorten (genauer gesagt über das Quadrat der Massendifferenz). Die Massen der einzelnen Sorten ergeben sich daraus nicht. Nach bisherigen Messungen betragen die Massendifferenzen nur wenige hundertstel Elektronvolt. Das deutet zumindest darauf hin, dass auch die Einzelmassen klein sind.

Es gibt jedoch eine Möglichkeit, die absoluten Neutrinomassen zu bestimmen. Man studiert den radioaktiven Zerfall von Atomen, bei denen jeweils ein Elektron und ein Neutrino aus dem zerfallenden Kern herausschießen. Dabei bekommen diese Teilchen die Zerfallsenergie als kinetische Energie mit. Die Aufteilung der Energiemenge auf die beiden Teilchen erfolgt zufällig, mal erhält das Elektron mehr Energie als das Neutrino, mal ist es umgekehrt. Wenn man nun die Elektronen mit der höchsten Energie misst, so kann das Neutrino in diesen Fällen gar keine kinetische Energie bekommen haben. Dann ergibt sich die Masse des Neutrinos (nach $E = mc^2$) aus der Differenz der Zerfallsenergie und der kinetischen Energie des Elektrons.

Das derzeit genaueste Experiment dieser Art namens KATRIN (KArlsruhe TRItium Neutrino experiment) läuft seit 2018 am Karlsruher Institut für Technologie. Es wird den Zerfall des radioaktiven

Wasserstoffisotops Tritium mit zehnmal höherer Genauigkeit vermessen als seine Vorgänger. KATRIN hat die Masse des Elektronneutrinos bislang nicht messen können, verkündete aber im Jahr 2021 eine obere Grenze von 0,8 Elektronvolt. In den kommenden Jahren wird KATRIN immer empfindlicher werden und dürfte eine Grenze von etwa 0,2 Elektronvolt erreichen. Damit kommt es in den Bereich kosmologischer Theorien, die dies als Höchstwert für die Summe aller drei Neutrinosorten zusammen vorhersagen. Die Messung der Elektronneutrinomasse ist auch deswegen so wichtig, weil das Standardmodell hierüber keinerlei Vorhersage macht. Sie ist eine der physikalischen Größen, die man messen und einfügen muss. Schon die jetzige obere Grenze der Elektronneutrinomasse beweist, dass diese Teilchen trotz ihrer enormen Zahl höchstens ein Promille zur Gesamtmasse im Universum beitragen können. Als Dunkle Materie scheiden sie definitiv aus.

STERILE NEUTRINOS – HELFER IN DER NOT

Die extrem kleine Masse und die Fähigkeit zu oszillieren bereitet erhebliche Probleme, Neutrinos in das Standardmodell zu integrieren. Es gibt eine weitere Eigenschaft, die den Physikern zu denken gibt. Sie hängt mit der sogenannten Chiralität zusammen. Dabei handelt es sich um eine abstrakte physikalische Größe, die man stark vereinfacht als Drehsinn veranschaulichen kann. Jedes Teilchen besitzt einen Spin, den wir uns etwa als Rotation um die eigene Achse vorstellen können, ähnlich wie bei einem Kreisel. Wenn sich ein Teilchen von uns entfernt und wir auf die Rotationsachse schauen, kann der Drehsinn entgegen oder im Uhrzeigersinn erfolgen. Man spricht in diesen beiden Fällen von links- oder rechtshändigen Teilchen. Bei allen Teilchen ist der Drehsinn unabhängig von der Bewegungsrichtung des Teilchens, nur Neutrinos tanzen mal wieder aus der Reihe: Sie sind ausschließlich linkshändig, Antineutrinos rechtshändig.

Die Natur hat es nun so eingerichtet, dass die im Atomkern wirkende schwache Kraft nur auf linkshändige Neutrinos wirkt. Auf die starke sowie die elektromagnetische Kraft reagieren Neutrinos überhaupt nicht. Rein theoretisch wären aber auch rechtshändige Neutrinos erlaubt. Auf sie würde die schwache Kraft nicht wirken. Rechtshändige Neutrinos würden damit auf keine der drei Fundamentalkräfte der Teilchenphysik reagieren, sondern nur auf die omnipräsente Schwerkraft. Damit gäbe es keinerlei Möglichkeit, sie mit einem herkömmlichen Teilchendetektor nachzuweisen, weswegen man diese hypothetischen Neutrinos steril nennt.

Bislang gibt es keinen einzigen sicheren Hinweis auf die Existenz steriler Neutrinos, dennoch wird heiß über sie diskutiert. Das hat mehrere Gründe. Zum einen ließe sich mit ihnen erklären, warum die bekannten linkshändigen Neutrinos so extrem leicht sind. Sterile Neutrinos könnten mit einer größeren Masse diejenige ihrer schmächtigen Brüder ausgleichen, ähnlich wie unterschiedlich schwere Kinder auf einer Wippe die Balance halten können. Physiker sprechen deshalb vom Wippemechanismus (englisch: seesaw mechanism). Zum anderen könnten sterile Neutrinos und deren Antiteilchen im heißen Feuerball des Urknalls existiert haben. Wenn es zwischen ihnen eine ähnliche Asymmetrie (CP-Verletzung) gab, wie Physiker sie von anderen Teilchen her kennen, könnten sie für die kleine Ungleichheit zwischen Materie und Antimaterie verantwortlich sein, der wir den Materieüberschuss im Universum und damit auch unsere Existenz verdanken. Physiker sprechen von Leptogenese, weil Neutrinos zur Familie der Leptonen gehören. Und drittens könnten sterile Neutrinos Teilchen der Dunklen Materie sein.

Mit diesen Eigenschaften erscheinen sterile Neutrinos wie die „Eier legende Wollmilchsau“ der Teilchenphysik und Kosmologie.

Doch ein paar Einschränkungen gibt es schon. Dunkle Materie, Leptogenese und die geringe Masse der linkshändigen Neutrinos lassen sich nicht mit den gleichen sterilen Neutrinos erklären. Als Dunkle-Materie-Teilchen sollten sie eine Masse zwischen etwa 1000 bis eine Million Elektronvolt besitzen, während sie sich für die Leptogenese eher im Bereich oberhalb von rund einer Milliarde Elektronvolt befinden müssen. Denkbar wäre allerdings, dass es mehrere Arten von sterilen Neutrinos mit sehr unterschiedlichen Massen gibt, die zusammen alle drei Probleme lösen.

Wenn die hypothetischen sterilen Neutrinos praktisch in keiner Weise mit Materie wechselwirken, wie soll man sie dann nachweisen? Zum Beispiel durch die Umwandlung in eines der drei bekannten Neutrinos, was nach der Theorie möglich sein sollte. Im Jahr 2018 sorgte ein amerikanisches Team des MiniBoone-Experiments am Fermilab in Chicago mit einem Messergebnis für einiges Aufsehen. MiniBoone besteht aus einem kugelförmigen Tank, der mit 800 Tonnen Mineralöl gefüllt ist. Dieser wird mit Myonneutrinos bestrahlt, die ein nahe gelegener Beschleuniger erzeugt. Kommt es zu einer Wechselwirkung eines Neutrinos in dem Tank, registrieren außen angebrachte Fotomultiplier einen Lichtblitz. Auf dem Weg vom Beschleuniger zum Detektor wandeln sich einige Myonneutrinos in Elektronneutrinos um, wobei die Umwandlungsrate in etwa bekannt ist. Nach 15 Jahren Laufzeit ergab die Datenauswertung einen Überschuss von etwa 400 Elektronneutrinos. Eine denkbare Erklärung wäre, dass sich einige Myonneutrinos im Flug auch in sterile Neutrinos umgewandelt haben, die anschließend zu Elektronneutrinos wurden. Den Modellen zufolge würde diese Transformation häufiger stattfinden als die von Myon- zu Elektronneutrinos. Ein steriles Neutrino mit einer Masse von einigen Elektronvolt könnte den beobachteten Teilchenüberschuss erklären.

Es gab jedoch sehr viel Kritik. Viele Physiker hielten das Messergebnis nicht für überzeugend, zumal Störsignale die Datenanalyse erschwerten. Im Frühjahr 2021 veröffentlichten die MiniBoone-Forscher ein neues Resultat, das auf mehr Ereignissen und einer verbesserten Datenanalyse beruhte. Nun betrug der Überschuss an Elektronneutrinos sogar 638. Doch dieses Ergebnis ist nach wie vor kein Beweis für die Existenz steriler Neutrinos. Es gibt nämlich einen zweiten Detektor namens MicroBoone, der unweit von MiniBoone Elektronneutrinos vom Fermilab-Beschleuniger misst. Diese Gruppe veröffentlichte Ende 2021 ihr Ergebnis mit der klaren Aussage: kein Überschuss an Elektronneutrinos nachweisbar. Damit wird es eng für sterile Neutrinos, denen wir im nächsten Kapitel noch einmal begegnen werden.

SUSY UND DIE VEREINHEITLICHUNG DER KRÄFTE

In der Natur herrschen, wie schon beschrieben, vier Grundkräfte:

1. die Schwerkraft oder Gravitation: Sie wirkt zwischen allen Teilchen, die eine Masse besitzen.
2. die elektromagnetische Kraft: Sie wirkt zwischen elektrisch geladenen Teilchen wie Elektronen und Protonen.
3. die schwache Kraft: Sie wirkt zwischen den Leptonen (Elektronen und Neutrinos) und den Quarks.
4. die starke Kraft: Sie wirkt zwischen den Quarks.

Man kann für die relative Stärke dieser Kräfte eine sogenannte Kopplungskonstante definieren und messen. (Bei der elektromagnetischen Kraft ist dies die Feinstrukturkonstante). Allerdings sind diese „Konstanten“ gar nicht konstant, sondern hängen von der Energie beziehungsweise dem Abstand der Teilchen zueinander ab. Die starke

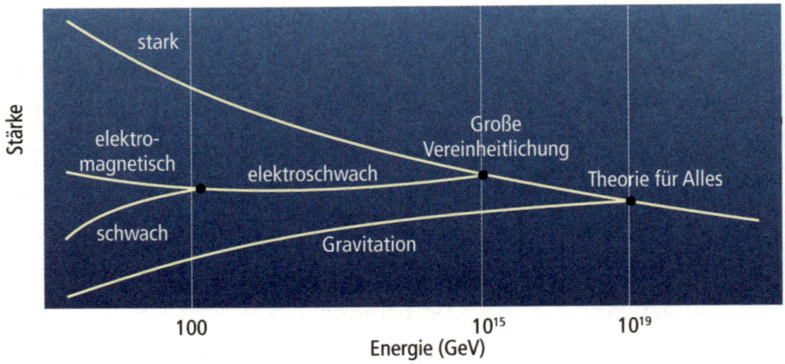

Abb. 6.5: Die Kopplungskonstanten der Grundkräfte laufen mit zunehmender Energie (oder Temperatur) auf einen einheitlichen Wert zu. Die Vereinigung der drei Fundamentalkräfte der Teilchenphysik bei 10^{15} Gigaelektronvolt bezeichnet man als Große Vereinheitlichung. Eine Theorie für Alles würde auch die Gravitation beinhalten.

Wechselwirkung nimmt mit der Entfernung zu. Deswegen kann man Quarks nicht voneinander trennen. Die elektromagnetische und die schwache Wechselwirkung nehmen indes mit wachsendem Abstand ab. Trägt man alle drei Kopplungskonstanten in Abhängigkeit von der Energie in einem Diagramm auf, so laufen die Kurven langsam aufeinander zu und treffen sich bei einer Energie von 10^{24} Elektronvolt (10^{15} Gigaelektronvolt) – zumindest fast (Abbildung 6.5).

Diese Tatsache sowie Symmetrieüberlegungen ließen die Vermutung aufkommen, dass bei dieser Energie alle drei Kräfte zu einer Superkraft vereint sind. In der Natur kommt ein derart extrem hoher Energiezustand heute nicht vor, aber kurz nach dem Urknall schon. Theoretiker vermuten, dass bei der Entstehung des Universums sogar alle vier Kräfte vereint waren. Als erste wurde die Gravitation selbstständig, nach 10^{-36} Sekunden koppelte sich die starke Kraft ab, dann folgte die inflationäre Phase, und nach 10^{-12} Sekunden spaltete sich die elektroschwache Kraft in ihre heutigen Komponenten, die schwache und die elektromagnetische Kraft auf (Abbildung 6.6).

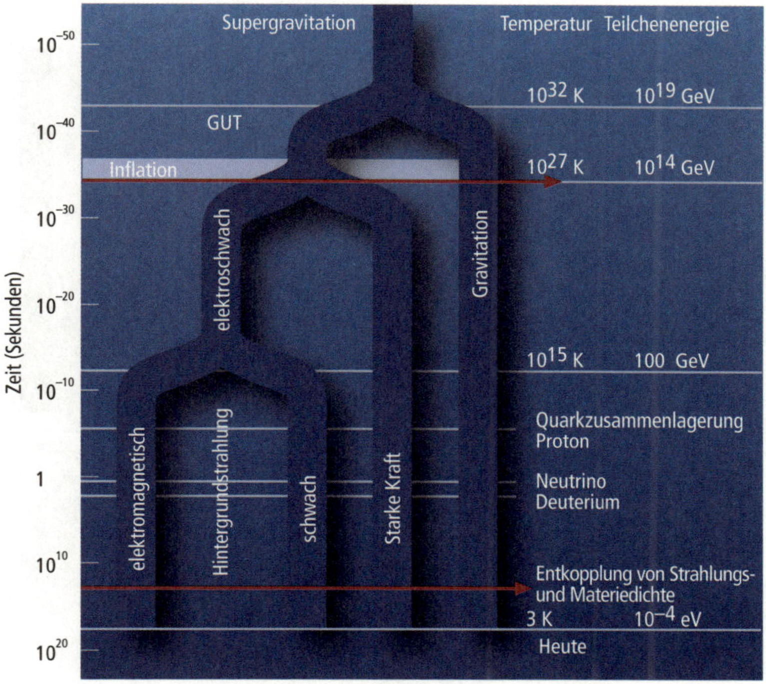

Abb. 6.6: Innerhalb der ersten billionstel Sekunde nach dem Urknall trennten sich die heutigen Grundkräfte von einer Urkraft ab.

Das Standardmodell, in dem alle Grundkräfte eigenständig sind, gilt demnach nur im heutigen Bereich niedriger Energien, es ist der Grenzfall einer weitreichenderen Theorie. Man könnte dies entfernt mit dem Verhältnis der klassischen Physik zur Quantenmechanik und Relativitätstheorie vergleichen: Die klassische Physik gilt nur in unserem Alltag. Sobald wir uns in die Welt der Atome und Elementarteilchen begeben, herrschen die Gesetze der Quantenphysik, und auf der anderen Seite geht bei Vorgängen nahe der Lichtgeschwindigkeit oder bei starker Gravitation, beispielsweise in der Nähe eines Schwarzen Lochs, die klassische Physik in die Relativitätstheorie über.

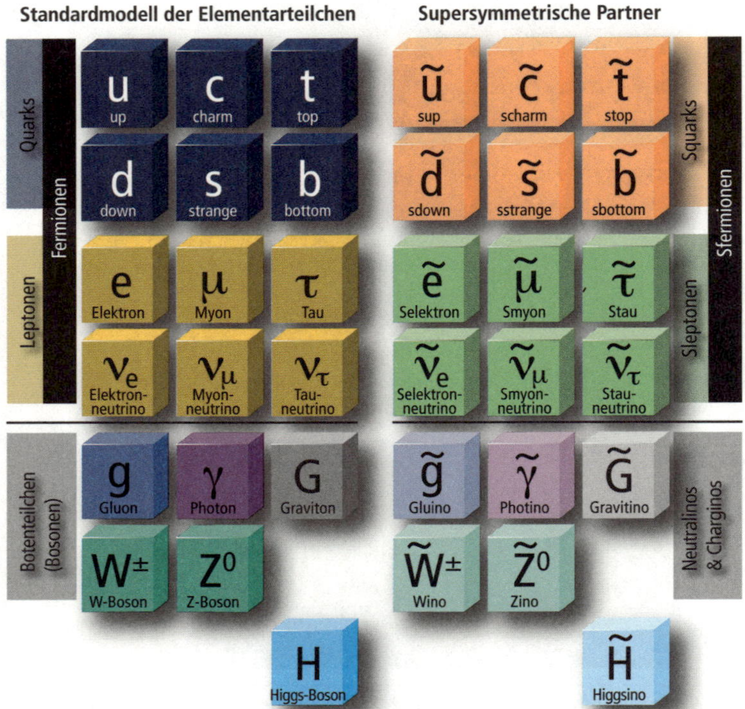

Abb. 6.7: Nach der Theorie der Supersymmetrie (SUSY) existiert zu jedem Teilchen ein SUSY-Teilchen.

Die Vereinheitlichung von scheinbar verschiedenen Kräften ist ein wesentlicher Bestandteil im Fortschritt der Physik. Isaac Newton entdeckte, dass die irdische Schwerkraft, die einen Apfel zu Boden fallen lässt, identisch ist mit der himmlischen Kraft, die den Mond auf seiner Bahn um die Erde hält. James Clerk Maxwell fand heraus, dass elektrische und magnetische Kräfte auf ein und dieselbe Ursache zurückzuführen sind, nämlich auf elektrische Ladungen. Ruhen sie relativ zu uns, so registrieren wir ein elektrisches Feld, bewegen sie sich, so messen wir ein Magnetfeld.

Die Vereinigung von Maxwells elektromagnetischer Kraft mit der schwachen Kernkraft gelang in den 1960er-Jahren Steven Weinberg, Sheldon Glashow und Abdus Salam. Ihre Theorie der elektroschwachen Kraft erfuhr später eine spektakuläre Bestätigung. Sie sagte nämlich die Existenz von Teilchen voraus, die diese Kraft übertragen. Diese sogenannten W- und Z-Teilchen entdeckte 1983 eine internationale Forscherkollaboration am CERN in Genf. Die beiden Teamleiter Carlo Rubbia und Simon van der Meer sowie Glashow, Weinberg und Salam wurden für ihre bahnbrechenden Arbeiten in den 1970er- und 80er-Jahren mit dem Physik-Nobelpreis geehrt.

Genauere Messungen und ausgefeiltere Berechnungen zeigten in den 1970er-Jahren bald, dass die Kopplungsstärken nicht genau bei einer Energie zusammentreffen. Dieser Schönheitsfehler ließ sich beheben, indem man die Existenz weiterer Teilchen vorhersagte. Dies geschah im Rahmen der „Supersymmetrie". Sie würde in der Natur eine vollendete Symmetrie herstellen.

Die Bausteine des Standardmodells sind streng getrennt nach den Materie- und Kraftteilchen. Diese beiden Familien unterscheiden sich in einer Eigenschaft, die Physiker Spin nennen. Man kann ihn sich vereinfacht als Drehung des Teilchens um seine eigene Achse vorstellen. In der Natur kommen aber nicht beliebige Spin-Werte vor, sondern nur bestimmte Werte. Die Kraftteilchen (Photonen, W und Z sowie Gluonen) besitzen den Spin 1. Sie heißen Bosonen. Die Materieteilchen (Quarks, Elektronen und Neutrinos) sind Fermionen mit dem Spin ½.

Das Standardmodell kennt kein übergeordnetes Prinzip, das diese beiden Gruppen der Bosonen und Fermionen verbinden würde. So können sich zwar Spin-1-Teilchen und Spin-½-Teilchen jeweils untereinander umwandeln, es wurde aber noch nie beobachtet, dass aus einem Fermion ein Boson wird oder umgekehrt. Wie durch eine unsichtbare Mauer sind die beiden Familien voneinander geschieden.

Aber warum ist der Spin der Bosonen genau doppelt so groß wie derjenige der Fermionen? Im Jahr 1974 veröffentlichten Julius Wess von der Universität Karlsruhe und Bruno Zumino vom CERN ihr Modell der Supersymmetrie – kurz SUSY. Es verbindet Fermionen mit Bosonen und stellt jedem Teilchen einen supersymmetrischen Partner zur Seite: Zu jedem heute bekannten Boson mit Spin 1 gehört ein SUSY-Partner mit Spin ½ und zu jedem bekannten Fermion mit Spin ½ ein SUSY-Boson mit Spin 1. Demnach gäbe es doppelt so viele Elementarteilchen wie bislang angenommen. Die supersymmetrischen Partner erhielten die Bezeichnungen Squarks (die Partner der Quarks), Sleptonen (Partner der Leptonen), Photino (Partner des Photons), Gluino (Partner des Gluons) sowie Wino und Zino (Partner der W- und Z-Bosonen). Das gilt übrigens auch für die Antiteilchen (Abbildung 6.7).

Als alle Kräfte noch vereint waren, gab es keine Barriere zwischen Fermionen und Bosonen. Erst als die Schwerkraft sich von den anderen Kräften abspaltete, ging diese exakte Supersymmetrie des Universums verloren, die Symmetrie zerbrach. So können die Teilchen und ihre „Superpartner" verschiedene Massen haben. Die SUSY-Teilchen gehen mit ihren Partnern keine Wechselwirkung ein, einzig die Gravitation wirkt auf sie in gewohnter Weise. Und das ist genau die Eigenschaft, die die Kosmologen ihren Dunkle-Materie-Teilchen zuschreiben.

Seit den 1970er-Jahren haben Experten eine Vielzahl unterschiedlicher SUSY-Varianten entwickelt. In den meisten Modellen sind die SUSY-Teilchen instabil – bis auf eines, das leichteste, das Neutralino genannt wird. Warum ausgerechnet das Leichteste? Ganz einfach: Ein instabiles Teilchen kann nur in leichtere Fragmente zerfallen. Die Zerfallskette endet beim leichtesten Teilchen, weil es keines mehr gibt, in das es zerfallen könnte. Der Name Neutralino steht für mehrere mögliche SUSY-Teilchen, die elektrisch neutral sind und Spin ½ besitzen. Ein solches Teilchen wäre von seinen Eigenschaften her ein guter Kandidat für die Dunkle Materie. Es gilt sogar als der Topfavorit. Leider verrät die Theorie nicht, wie schwer es sein könnte.

SUSY-TEILCHEN IM BESCHLEUNIGER

Der Nachweis von SUSY-Teilchen war neben der Entdeckung des Higgs-Teilchens der Hauptgrund für den Bau des LHC. Darin werden Protonen bis nahe an die Lichtgeschwindigkeit beschleunigt und zur Kollision gebracht. In dem dabei entstehenden Feuerball bilden sich neue Teilchen. Jedes von ihnen besitzt eine bestimmte Energie, und ihre Summe muss genau so groß sein wie die Energie der beiden ursprünglichen Protonen. Wenn hierbei auch ein SUSY-Teilchen entsteht, fliegt es unbemerkt aus dem Detektor heraus, weil es nicht mit Materie reagiert. Seine Energie würde dann in der Summe der anderen Teilchen fehlen. Eine solche Reaktion mit scheinbar fehlender Energie wäre somit ein indirekter Hinweis auf ein unsichtbares Teilchen.

Führt man sich vor Augen, dass in den Kreuzungspunkten der beiden Teilchenstrahlen bis zu 800 Millionen Kollisionen pro Sekunde stattfinden, bekommt man einen vagen Eindruck von den Anforderungen an die Datenanalyse. Für diese Art von Physik gilt: Je höher die Energie ist, mit der die Protonen aufeinandertreffen, desto schwerere Teilchen lassen sich erzeugen. Steigert man nach und nach die Energie, so kann man einen Massenbereich von unten nach oben durchscannen. Bislang wurde auf diese Weise kein einziges SUSY-Teilchen gefunden. Damit lässt sich die einfachste Variante der Supersymmetrie, in der die SUSY-Teilchen die gleiche Masse besitzen wie ihre Partner, ausschließen. Andernfalls hätte man sie längst entdeckt.

Gleichzeitig kann man für die nicht gefundenen Teilchen eine untere Massengrenze angeben. So können Selektronen and Smyonen nicht leichter als 700 Milliarden Elektronvolt sein. Das ist 1,4 Millionen Mal schwerer als das Elektron.

Dass mit dem LHC nach einem Jahrzehnt intensiver Suche kein SUSY-Teilchen aufgetaucht ist, hat bei den Physikern für einige Frustration gesorgt. Der Beschleuniger wird voraussichtlich noch bis 2035 laufen. Bis dahin soll die Energie der Protonen weiter erhöht und die Nachweisempfindlichkeit der Detektoren verbessert werden. Es besteht also noch eine Chance, ein SUSY-Teilchen nachzuweisen, das vielleicht auch ein Dunkle-Materie-Teilchen ist. Gemäß dem optimistischen Credo einiger Teilchenphysiker: Die Supersymmetrie ist einfach zu schön, um falsch zu sein.

DAS WIMP-WUNDER

Wenn die Supersymmetrie stimmt, gab es im ganz jungen Universum neben den heutigen Teilchen des Standardmodells auch ihre supersymmetrischen Partner. Diese entstanden stets in Paaren als Teilchen und Antiteilchen. In einem wilden Tanz zerstörten sich die Akteure und entstanden wieder neu. Dies ging so lange, bis Temperatur und Dichte so weit gefallen waren, dass sie sich nicht mehr weiter dezimieren konnten. Die instabilen SUSY-Teilchen zerfielen, übrig blieben allein die leichtesten unter ihnen, die Neutralinos. Ohne zu wissen, ob es sie überhaupt gibt, lässt sich mit einigen Annahmen ein Massenbereich für sie eingrenzen.

Nach den astronomisch beobachteten Eigenschaften sollten Dunkle-Materie-Teilchen außer über die Schwerkraft nur noch über die schwache Kraft mit anderen Teilchen wechselwirken. Das zumindest nimmt man für die Weakly Interacting Massive Particles

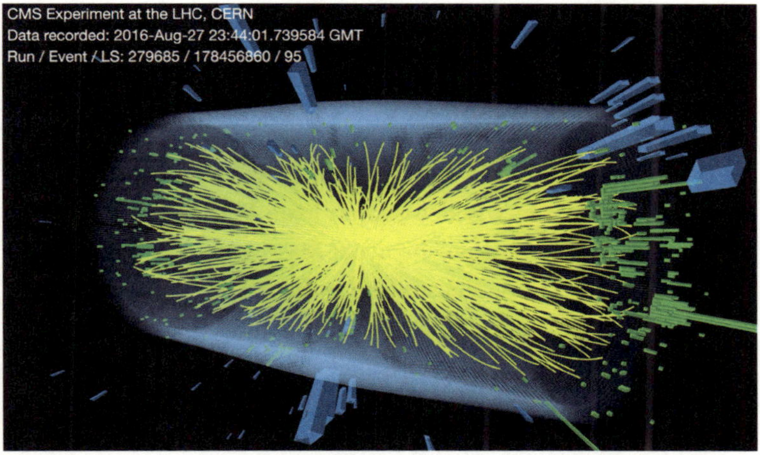

Abb. 6.8: Bei einer Protonenkollision im LHC entsteht eine Vielzahl an neuen Teilchen.

(WIMPs) an, die genau deswegen so heißen. Nun kann man für diese Teilchen bestimmte Eigenschaften vermuten, wie sie für die schwache Kraft typisch sind. Entscheidend ist zum Beispiel die Wahrscheinlichkeit, mit der ein Teilchen und dessen Antiteilchen sich zerstören (Physiker sprechen vom Wirkungsquerschnitt). Berechnet man diese für den expandierenden Feuerball, so kommt heraus, dass die Teilchen eine Masse zwischen etwa einem und 1000 Milliarden Elektronvolt besitzen müssten. Damit wären sie bis zu 1000-mal schwerer als ein Proton. Ihre heutige Dichte läge dann tatsächlich etwa in dem Bereich, den astrophysikalische Beobachtungen für die kalte Dunkle Materie, also die WIMPs, ergeben.

Wegen dieser glücklichen Übereinstimmung aus Teilchenphysik und Kosmologie spricht man vom WIMP-Wunder. Es hat die Suche nach diesen flüchtigen Teilchen enorm motiviert. Heute laufen weltweit zahlreiche Experimente zum direkten Nachweis von WIMPs in diesem Massenbereich.

WIMPS IM KRISTALL

In Kapitel 1 über die Rotationskurven der Spiralgalaxien haben wir gesehen, dass man aus astronomischen Beobachtungen und Modellen die Dichte der Dunklen Materie im Sonnensystem abschätzen kann. Demnach beträgt sie zwischen 300 und 500 Millionen Elektronvolt pro Kubikzentimeter, entsprechend der Masse eines Protons in einem Volumen von der Größe eines Würfelzuckers. Bei einer WIMP-Masse von 30 bis 50 Milliarden Elektronvolt befände sich etwa ein Teilchen im Volumen einer Zigarettenschachtel.

Vermutlich bewegen sich die Teilchen mit einigen hundert Kilometern pro Sekunde relativ zur Erde, so dass durch eine Fläche von der Größe eines Fingernagels in jeder Sekunde rund eine Million WIMPs hindurchsausen, ohne dass wir das Geringste davon spüren. Das klingt fantastisch, ist aber gar nicht einmal so ungewöhnlich. So durchdringen in der gleichen Zeit etwa 60 Milliarden Neutrinos, die aus dem Inneren der Sonne kommen, die gleiche Fläche. Das sind die Randbedingungen für jedes Experiment zum direkten Nachweis von Dunkle-Materie-Teilchen.

Das Funktionsprinzip ist bei allen Messapparaturen ähnlich: Man nehme ein geeignetes Detektormaterial und warte auf den sehr seltenen Fall, dass ein WIMP darin mit einem Atomkern zusammenstößt. Eine solche Kollision kann unterschiedliche Folgen haben:

1. Ionisation: Das WIMP kann ein Elektron aus der Atomhülle herausschlagen. Legt man eine elektrische Spannung an dem Detektor an, so bewegen sich die Elektronen entlang der Feldlinien und erzeugen einen messbaren elektrischen Strom.
2. Szintillation: In manchen Materialien kann ein WIMP einen kurzen Lichtblitz auslösen, wenn es darin auf einen Atomkern prallt. Diese Szintillation kann man mit lichtempfindlichen Detektoren beobachten.

3. Phononen-Anregung: In einem Kristall kann eine WIMP-Kollision Schwingungen des Kristallgitters (Schallwellen oder Phononen) auslösen und geringfügig die Temperatur erhöhen.

Es gibt also drei mögliche Messgrößen: elektrische Ladungen, Licht und Temperatur. Keiner der derzeitigen Detektoren kann alle drei Größen gleichzeitig messen, sondern immer nur höchstens zwei. Das entscheidende Problem ist die extrem niedrige Rate, mit der solche Ereignisse stattfinden. In einem großen Detektor erwarten Fachleute wenige Signale pro Jahr. Um so etwas messen zu können, sind die reinsten und empfindlichsten Instrumente der Welt nötig.

Eine erste Idee für eine extrem sensitive Nachweistechnik veröffentlichten 1984 Leo Stodolsky und Andrzej Drukier vom Max-Planck-Institut für Physik und Astrophysik in München: Kryodetektoren. Sie hatten damit den Nachweis von Neutrinos im Auge, doch schon ein Jahr später erkannten Mark Goodman und Edward Witten von der Princeton University das Potenzial dieser revolutionären Methode für die Fahndung nach Dunkle-Materie-Teilchen.

Der erste Kryodetektor wurde in den 1990er-Jahren unter der Leitung von Wolfgang Seidel und Leo Stodolsky sowie Kollegen aus Tübingen und Oxford gebaut. Herz des Cryogenic Rare Event Search with Superconducting Thermometers, kurz CRESST, genannten Detektors sind Kristalle aus Kalziumwolframat mit jeweils vier Zentimeter Kantenlänge. Obwohl in jeder Sekunde mehrere Millionen WIMPs einen dieser Detektoren durchqueren, erwarteten die Forscher nicht mehr als einen Zusammenstoß mit einem Atom pro Monat. Bei einem solchen Ereignis wird ein sehr schwacher Lichtblitz frei, und der Kristall erwärmt sich um wenige millionstel Grad. Wie soll man das messen?

Mit Supraleitung. Die Kristalle werden auf eine extrem tiefe Temperatur von etwa einem hundertstel Grad über dem absoluten Null-

Abb. 6.9: Ein Kupfermodul mit Kristall des Dunkle-Materie-Detektors CRESST. Vorne auf dem hellen, quaderförmigen Kristall ist der Temperatursensor angebracht, rechts vom Kristall befindet sich der Lichtsensor.

punkt gekühlt. Auf eine Seite des Kristalls wird ein dünner Wolframfilm aufgebracht. Er dient als supraleitendes, sensitives Thermometer, das so funktioniert: Jedes Metall besitzt einen elektrischen Widerstand. Kühlt man das Metall immer weiter ab, so wird es plötzlich bei einer bestimmten Temperatur supraleitend, das heißt, sein Widerstand fällt auf null ab, der Strom fließt jetzt völlig verlustfrei. Diese große Widerstandsänderung beim Übergang vom Normal- zum Supraleiter kann man leicht nachweisen. Insbesondere bewirkt eine geringe Temperaturänderung im Bereich der Sprungtemperatur eine große Änderung des Widerstands: kleine Ursache, große Wirkung, das ist der Trick bei diesem Experiment.

Man kann sich das mit einer empfindlichen Wippe veranschaulichen, die sich gerade im Gleichgewicht befindet. Schon das kleinste Gewicht kann die eine Seite nach unten sinken lassen. Erwärmt eine

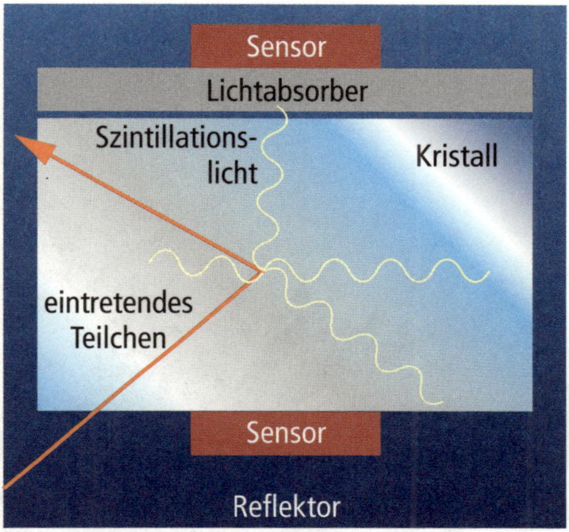

Abb. 6.10: Messprinzip von CRESST: Wenn ein WIMP im Kristall mit einem Atom zusammenstößt, erwärmt sich der Kristall geringfügig, was sich mit einem supraleitenden Metall an der Oberfläche messen lässt. Der entstehende Szintillationslichtblitz wird durch einen weiteren Sensor erfasst.

WIMP-Kollision den Kristall auch nur minimal, so erhöht sich der elektrische Widerstand so stark, dass er messbar wird. Eine der größten Herausforderungen besteht darin, die Temperatur bis auf ein millionstel Grad genau zu stabilisieren. Gleichzeitig misst CRESST auch den Lichtblitz, den ein WIMP beim Zusammenstoß mit einem Atom im Kristall erzeugt. Dafür wird das Licht mit Spiegeln, die den Kristall vollständig umgeben, auf einen weiteren Tieftemperatursensor gelenkt. Dieser erwärmt sich, woraus die Lichtenergie abgeleitet wird (Abbildung 6.9 und 6.10).

Zum Leidwesen der Physiker hält die Natur ein weiteres Problem bereit: Es gibt viele andere Quellen, die in den Kristallen ähnliche Signale erzeugen wie die WIMPs. Ein erster Schritt zur Abhilfe war der Aufbau von CRESST im Gran-Sasso-Untergrundlabor in Italien. Unter 1400 Meter Fels der Abruzzen ist das Experiment weitgehend

Abb. 6.11: Grafik der drei Hallen des Gran-Sasso-Labors in den Abruzzen

Abb. 6.12: Einfahrt in das Gran-Sasso-Labor

vor Teilchen der kosmischen Strahlung geschützt, die unablässig aus dem All in die Erdatmosphäre hineinschießen. Sie würden in den Wolframkristallen ein wahres Leuchtfeuer entfachen.

Der größte Feind aber ist natürliche Radioaktivität in Form von kleinsten Spuren instabiler Isotope. Unter anderem sind radioaktive Radonisotope, die infolge des Zerfalls von Uran überall in der Natur vorkommen, ein störender Untergrund. Selbst im menschlichen Körper finden pro Sekunde durchschnittlich 8500 radioaktive Zerfälle statt. Die hierbei freigesetzten Protonen, Elektronen, Neutronen und Gammastrahlen machen dem Menschen nichts aus, in den empfindlichen Dunkle-Materie-Detektoren rufen sie aber ein ähnliches Signal hervor wie WIMPs. Um die Kristalldetektoren vor der radioaktiven Störstrahlung zu schützen, werden sie aus hochreinen Materialien gefertigt und sind von mehreren, insgesamt 44 Tonnen schweren Mänteln aus Polyethylen, Blei und Kupfer umgeben.

All diese Maßnahmen helfen enorm, störende Signale zu vermeiden, gänzlich ausschalten lassen sie sich aber nicht. Dennoch ist die Lage nicht hoffnungslos. Die genaue Analyse der Lichtenergie und der Erwärmung des Kristalls ermöglicht es nämlich, die Störsignale und die erwarteten WIMP-Signale zu unterscheiden.

In einer Messreihe von Mai 2009 bis April 2011 registrierte die CRESST-Gruppe 67 Ereignisse, von denen sie 46 mit bekannten Störeffekten erklären konnte. Stammen also die restlichen 21 von WIMPs? Leider nein. Mit einer verbesserten Apparatur konnte das CRESST-Team sein Ergebnis nicht mehr bestätigen und zog es 2014 zurück. Ähnlich erging es einer amerikanischen Gruppe mit ihrem Experiment Cryogenic Dark Matter Search (CDMS). Auch sie musste einen vermeintlichen Fahndungserfolg wieder kassieren. Mit einer verbesserten und empfindlicheren Apparatur gehen die Messungen weiter. Der Nobelpreis muss warten.

HOFFNUNGSTRÄGER XENON

Im Jahr 1993 brachte eine Gruppe von Physikern der italienischen Universitäten Pavia und Padua ein anderes Detektormaterial ins Spiel, das sich in der Folgezeit als Joker erwies: flüssiges Xenon. Als Edelgas geht es keine chemischen Reaktionen ein und lässt sich sehr rein gewinnen.

Dringt in einen Tank mit flüssigem Xenon ein WIMP ein und stößt mit einem Atomkern zusammen, so erzeugt es einen Lichtblitz, den empfindliche Fotodetektoren registrieren. Außerdem werden Elektronen frei, die über ein außen angelegtes elektrisches Feld an die Oberfläche gezogen und dort gemessen werden. Zuerst leuchtet der Lichtblitz auf, etwa eine zehntausendstel Sekunde später wird der Strompuls gemessen. Die zeitliche Verzögerung zwischen diesen beiden Signalen entspricht der Laufzeit der Elektronen. Daraus lässt sich ableiten, in welchem Höhenbereich des Detektors der Zusammenstoß stattgefunden hat (Abbildung 6.13). Mit dem Ort des Szintillationslichts erhält man die restlichen Koordinaten des Ereignisortes. So lässt sich seine räumliche Position im Detektor exakt ermitteln.

Ein zweites Kriterium ist noch wichtiger. Ein WIMP löst einen schwächeren Spannungspuls aus als ein störendes Hintergrundereignis. Hierzu zählen zerfallende Radonatome oder Neutronen, die auf unterschiedliche Weise frei werden und in den Detektor geraten können. Das Intensitätsverhältnis von Strom- zu Lichtpuls ermöglicht deshalb den Ausschluss der Störereignisse und die Identifikation von WIMPs.

Auch im XENON-Experiment ist radioaktiver Zerfall, insbesondere von Radon und Krypton, der größte Feind. Alle verwendeten Materialien werden peinlichst genau gereinigt und auf Herz und Nieren geprüft, bevor sie im Detektor arbeiten dürfen. Die Forscher beziehen ihr Xenon von weltweit wenigen Produzenten und reinigen

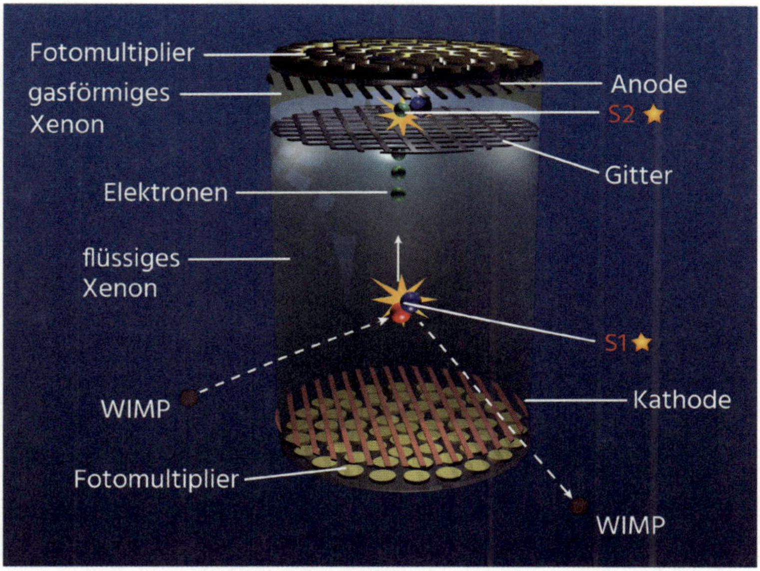

Abb.6.13: Messprinzip eines Xenondetektors: Wenn ein WIMP mit einem Xenonatom zusammenstößt, entstehen ein Lichtblitz (S1) und ein elektrischer Strom (S2), die sich beide messen lassen.

es noch weiter, bis es in die Anlage gelangt. Am Schluss befindet sich höchstens ein Kryptonatom unter zehn Billionen Xenonatomen.

Insgesamt sind rund 180 Forschende von 27 Institutionen aus Europa, den USA und Asien am XENON-Experiment beteiligt, das sich wie CRESST im Gran-Sasso-Labor befindet. Anfänglich lief es mit dem XENON100-Detektor mit 150 Kilogramm Xenon, wovon nur etwa 100 Kilogramm als aktives Volumen, möglichst weit weg vom störanfälligen Rand, arbeiteten. Anschließend wurde es auf über drei Tonnen Xenon mit einer Tonne aktivem Volumen zu XENON1T vergrößert (Abbildung 6.14). Derzeit läuft die nochmals vergrößerte Apparatur XENONnT mit 8,3 Tonnen Xenon, wovon etwa sechs Tonnen aktives Volumen sind. XENON dürfte das größte einer Vielzahl von Experimenten im italienischen Untergrundlabor sein. Ein

Abb. 6.14: Der Detektor XENON1T im Gran-Sasso-Labor. Rechts das dreistöckige Technikgebäude, links der Wassertank mit dem darin befindlichen Xenondetektor mit 3,6 Tonnen flüssigem Xenon, den ein Poster darstellt.

dreistöckiger Glasbau beherbergt Gasflaschen, Pumpen, Computer und Steuerungsanlagen, links daneben erhebt sich ein knapp bis unter die Decke aufragender Behälter, der an ein Silo erinnert. In seinem Inneren steckt das Herz der Anlage: ein Stahltank, gefüllt mit flüssigem Xenon. Der nur kühlschrankgroße Detektor steht zum Schutz vor äußerer radioaktiver Strahlung in einem Wassertank.

Das Xenon befindet sich zudem in einem ständigen Reinigungskreislauf, einer Art Dialyse, die immer wieder aufs Neue eindringendes Radon entfernt. Weil dennoch geringste Verunreinigungen von den mit Teflon bedeckten Wänden in das Xenon gelangen, berücksichtigen die Physiker nur Ereignisse aus dem besonders reinen, inneren Drittel des Tanks, dem aktiven Volumen. Deshalb fungierte bei XENON1T nur etwa eine Tonne an Xenon als effektives Detektormaterial. Die oben und unten angebrachten 248 lichtempfindlichen

Abb. 6.15: Das Herzstück des Projekts: der XENON1T-Detektor bei der Montage

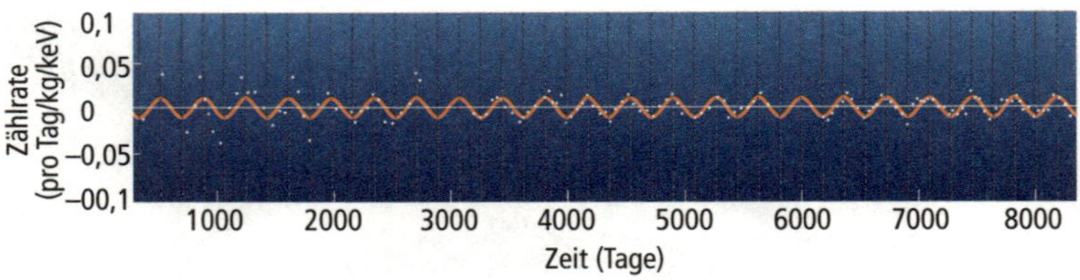

Abb. 6.16: Die mit DAMA/LIBRA gemessene Rate angeblicher Dunkle-Materie-Teilchen

Detektoren, die bei -96 Grad Celsius arbeiten müssen, ermöglichten es, ein Ereignis bis auf wenige Millimeter genau im Tank zu lokalisieren. Auch sie sind wegen des Reinheitsgebotes Sonderanfertigungen.

XENON1T war der bisher weltweit empfindlichste Detektor für Dunkle-Materie-Teilchen. Auch damit konnte jedoch kein eindeutiges WIMP-Signal gefunden werden. Das schränkt den Massenbereich, in dem sich die geheimnisvollen Teilchen befinden können, weiter ein. Im Juni 2020 gab die XENON-Kollaboration jedoch bekannt, dass sie ein unerwartetes Signal gefunden habe. Allerdings nicht in dem für WIMPs erwarteten Massenbereich von einigen zehn Milliarden Elektronvolt, sondern bei millionenfach geringeren Werten von einigen tausend Elektronvolt. Daraufhin begann eine lebhafte Diskussion über die Ursache. Theoretiker weltweit suchten nach Erklärungsmöglichkeiten und schlugen beispielsweise Neutrinos mit bislang unbekannten Eigenschaften vor oder auch eine neue Kraft, die von einem leichten Austauschteilchen vermittelt wird. Genauso gut könnte es eine bis dahin nicht erkannte Verunreinigung sein, zum Beispiel durch radioaktive Tritiumatome, bei deren Zerfall das Hintergrundsignal entsteht.

Geklärt ist diese Messung bislang nicht. XENON1T lief bis 2019, danach wurde die Apparatur auf XENONnT erweitert. Die hierfür benötigte Xenonmenge von 8,3 Tonnen macht einen nicht unerheblichen Anteil an der Weltjahresproduktion von etwa 70 Tonnen aus. Zudem wird das Xenon noch weitgehender gereinigt und die optische

Überwachung auf 500 Fotodetektoren erhöht. Damit wird XENONnT etwa zehnmal empfindlicher sein als sein Vorgänger. Je größer das Detektorvolumen ist und je länger das Experiment läuft, desto größer ist die Wahrscheinlichkeit, dass ein WIMP darin hängen bleibt.

Bei all diesen Anstrengungen befindet sich das XENON-Team in einem Wettlauf mit anderen Experimenten, allen voran LUX-ZEPLIN (LZ), einer Fusion der Vorgängerexperimente Large Underground Xenon experiment (LUX) und ZonEd Proportional scintillation in LIquid Noble gases (ZEPLIN). Es befindet sich in der Sanford Underground Research Facility in der Homestake-Goldmine, wo schon Ray Davis seinen legendären Neutrinodetektor gebaut hatte. Mit einer ähnlichen Menge an Xenon wie XENONnT wird es eine vergleichbare Empfindlichkeit aufweisen. Nach einem ähnlichen Prinzip funktioniert auch der unter chinesischer Leitung gebaute Particle and astrophysical Xenon detector (PandaX). Der im Untergrundlabor Jinping in der Provinz Sechuan arbeitende Detektor wurde kürzlich auf vier Tonnen Xenon erweitert. Alle Experimente sollen 2021 oder 2022 anlaufen und etwa fünf Jahre lang messen. Gleichzeitig gibt es Experimente, die Argon an Stelle von Xenon verwenden. Hierzu gehört das ebenfalls im Gran-Sasso-Labor installierte DarkSide-Projekt mit derzeit einer Tonne des Edelgases.

DAMA/LIBRA UND DER WIMP-WIND

Wenn es nach dem Team um Antonella Incicchitti und Rita Bernabei von der Universität Rom geht, sind Dunkle-Materie-Teilchen bereits seit Langem nachgewiesen. Die italienische Forschergruppe betreibt im Gran-Sasso-Labor einen Detektor, der aus knapp zehn Kilogramm schweren Natriumjodidkristallen besteht. Trifft darin ein WIMP auf ein Atom, so entsteht ein Lichtblitz, den zwei außen angebrachte

Fotomultiplier registrieren. Anfangs kamen neun Kristalle zum Einsatz, seit 2003 sind es 25. Seit 20 Jahren behauptet das DAMA/LIBRA-Team, es würde Dunkle-Materie-Teilchen nachweisen, deren Häufigkeit zudem mit der Periode eines Jahres schwankt: Anfang Juni erreicht der Strom seinen Höhepunkt, um danach bis zum Ende des Jahres abzunehmen und anschließend wieder anzusteigen. Die Messdaten folgen sehr gut einer Cosinuskurve (Abbildung 6.16). Wie ist das zu verstehen?

Nach den gängigen Modellen bewegen sich die Dunkle-Materie-Teilchen im Halo der Milchstraße überwiegend auf regellosen Bahnen. Sie rotieren also nicht mit der Milchstraße. Das Sonnensystem bewegt sich etwa auf einer Kreisbahn um das Zentrum der Milchstraße, und die Erde bewegt sich um die Sonne. Durch diese Bewegungen sollte bei den WIMP-Messungen der „Regeneffekt" auftreten: Im Juni bewegt sich die Erde auf ihrer Umlaufbahn in der gleichen Richtung wie das gesamte Sonnensystem in der Milchstraße. In dieser Zeit addieren sich die beiden Geschwindigkeiten in Bezug zum Dunkle-Materie-Halo. Im Dezember ist es umgekehrt, die Geschwindigkeiten sind gegenläufig und damit die Geschwindigkeit der Erde relativ zum Halo am niedrigsten. Was nun passieren sollte, kennen wir vom Autofahren im Regen: In Fahrtrichtung prallen mehr Regentropfen auf die Windschutzscheibe als auf die Heckscheibe. Im Juni weht der „WIMP-Wind" aus dem Sternbild Schwan, dann sollten Detektoren mehr Ereignisse messen als bei Flaute im Dezember. Genau dieses periodische Signal zeigen die DAMA/LIBRA-Daten. Einen besseren Beweis für die Existenz der Dunkle-Materie-Teilchen kann es doch gar nicht geben, oder?

Das Problem ist: Alle anderen Detektoren sehen ein solches Signal nicht, obwohl sie viel empfindlicher sind. XENON1T beispielsweise hätte Zigtausende dieser Teilchen nachweisen müssen. Anfangs vermuteten manche Forscher, dass die unterschiedlichen Detektormaterialien Natriumjodid und Xenon dafür verantwortlich sein könnten. Doch gibt es mittlerweile auch Ergebnisse von zwei Experimenten, die wie DAMA/LIBRA Natriumjodiddetektoren verwenden: das seit 2016 in Südkorea laufende COSINE-100 sowie ANAIS, das 2017 im Canfranc-Untergrundlabor in Spanien in Betrieb ging. Beide haben mittlerweile ihre ersten Daten veröffentlicht und finden keinerlei Hinweise auf WIMPs.

Die Detektoren des DAMA/LIBRA-Experiments befinden sich in einer Kupferkiste, die zudem von einer mehrere Tonnen schweren Betonwand umgeben ist. Dieser Panzer soll das Experiment vor äußerer Störstrahlung schützen. Dennoch gibt es sie. Die beteiligten Physiker ziehen deshalb bei ihrer Datenanalyse stets einen großen Beitrag von den Messdaten ab. Übrig bleibt das periodische Signal. Wissenschaftler der Universität Pisa haben diese Art der Datenanalyse einer statistischen Untersuchung unterzogen und eine Schwachstelle gefunden: Wenn der störende Untergrund aus irgendeinem Grund nicht konstant ist, sondern langsam ansteigt oder abfällt, kann dessen Subtraktion dazu führen, dass das restliche Signal periodisch moduliert erscheint. Mit ANAIS fanden Forscher tatsächlich einen nicht konstanten Hintergrund. Nachprüfen lassen sich diese sowie viele andere Erklärungsmöglichkeiten bislang nicht, weil die DAMA/LIBRA-Kollaboration die unprozessierten Daten nicht veröffentlicht und diese daher nicht unabhängig analysiert werden können. So bleibt dieses Ergebnis mysteriös – und nicht sehr glaubwürdig.

Die aufregende Jagd nach den ominösen WIMPs geht weiter. Sie verläuft ständig an der Grenze zum technisch Machbaren und schiebt diese immer weiter hinaus. Allerdings ist schon jetzt eine natürliche Grenze absehbar. Der in Planung befindliche Nachfolgedetektor von XENONnT, der DARk matter WImp search with liquid xenoN (DARWIN), soll mit 50 Tonnen Xenon beladen werden und zehnmal empfindlicher sein als sein Vorgänger. Damit dürfte dann aber das

Ende der Fahnenstange für diese Art von Detektor erreicht sein. Dann wird er nämlich so empfindlich sein, dass er Neutrinos nachweisen kann, und diese erzeugen Signale, die sich von denen der hypothetischen WIMPs nicht unterscheiden lassen.

Experimente zum Nachweis von WIMPs

Experiment	Detektor-material	Aggregat-zustand	Signal(e)	Standort
SuperCDMS	Ge	fest	Phononen, Ionisation	SNOLAB, Kanada
PandaX	Xe	flüssig	Ionisation, Szintillation	China Jinping Underground Laboratory
CRESST	$CaWO_4$	fest	Phononen, Szintillation	Gran Sasso, Italien
DAMA/ LIBRA	NaI	fest	Szintillation	Gran Sasso, Italien
EDELWEISS	Ge	fest	Phononen, Ionisation	Modane, Frankreich
LUX-ZEP-LIN (LZ)	Xe	flüssig	Ionisation, Szintillation	Sanford Underground Research Facility, USA
XENONnT	Xe	flüssig	Ionisation, Szintillation	Gran Sasso, Italien

Derzeit aktive oder demnächst in Betrieb gehende WIMP-Detektoren. Ihr Empfindlichkeitsbereich ist abhängig vom Detektormaterial, erstreckt sich aber insgesamt von etwa einer Milliarde bis tausend Milliarden Elektronvolt.

AXIONEN IN DER MIKROWELLE

Das WIMP-Wunder ist einer der Hauptgründe dafür, dass Forscher diese Teilchen seit Jahrzehnten als Dunkle-Materie-Teilchen favorisieren. Mittlerweile sind Detektoren aber bereits sehr weit in den Bereich vorgestoßen, in dem man diese Teilchen erwartet – bislang ohne zweifelsfreie Entdeckung. Dies hat dazu geführt, dass eine schon relativ alte Alternative wieder verstärkt diskutiert wird: Axionen.

Diese hypothetischen Teilchen wurden 1977 vorgeschlagen, um ein Problem des Standardmodells zu erklären. Wie wir gesehen haben, verhalten sich in vielen Fällen Teilchen und deren Antiteilchen nicht exakt gleich. Diese Abweichung von einer perfekten Symmetrie (CP-Verletzung) trifft allerdings nicht auf die starke Wechselwirkung zu, also jene Kraft, die Quarks in Protonen und Neutronen zusammenhält. Hier gibt es keinen Unterschied zwischen Materie und Antimaterie, obwohl die Theorie dies vorhersagt. Dieses Problem lässt sich beheben, wenn im Urknall ein extrem leichtes Teilchen entstanden ist. Weil es das CP-Problem gewissermaßen reinwäscht, nannte es der amerikanische Physiker Frank Wilczek – einer der beiden Forscher, die dieses Teilchen eingeführt haben – nach einem Waschmittel Axion.

Axionen gelten zudem als geeignete Kandidaten für die Dunkle Materie, weshalb ihre Erforschung in letzter Zeit an Fahrt aufgenommen hat. In Südkorea wurde eigens ein Center for Axion and Precision Physics research (CAPP) gegründet. Vieles an diesen Teilchen ist rätselhaft. So könnten sie vor oder auch nach der inflationären Phase des Universums entstanden sein. Abhängig von ihrem Geburtsmoment ist dann vermutlich auch ihre Masse: Präinflationäre Axionen müssten leichter sein als postinflationäre. Wenn sie die gesamte Dunkle Materie stellen sollen, müsste ihre Masse aber wohl in einem Bereich zwischen 50 millionstel und zwei tausendstel Elektronvolt liegen. Damit wäre selbst das schwerste mögliche Axion noch eine Billion Mal leichter als ein WIMP.

Auf den ersten Blick scheinen diese Superleichtgewichte als Dunkle Materie ungeeignet zu sein. Müssten sie wegen ihrer außerordentlichen Leichtigkeit nicht zu den heißen Dunkle-Materie-Teilchen zählen? Dann wären sie als Geburtshelfer der großen Materiestrukturen untauglich, weil sie die Bildung auf kleinen Skalen verhindern, wie wir in Kapitel 2 und 3 gesehen haben. Theoretiker wenden hier ein, dass Axionen nicht mit der gleichen Temperatur entstanden sein müssen wie das primordiale Gas, sondern nichtthermisch. So könnten sie zwar sehr leicht, aber trotzdem kalt sein. Damit sie die gesamte Dunkle Materie stellen können, muss ihre Dichte jedoch enorm sein: Im Volumen einer Zigarettenschachtel sollten sich mindestens eine Billion Axionen aufhalten.

Ein Nachweis dieser flüchtigen Winzlinge mit einem ähnlichen Prinzip wie bei den WIMPs ist allerdings undenkbar. 1983 hatte der belgische Physiker Pierre Sikivie von der Universität Gainesville, Florida, jedoch einen Gedankenblitz. Wenn ein Axion in ein starkes Magnetfeld gerät, kann es darin in ein Photon zerfallen. Dieser „inverse Primakoff-Effekt“ wurde bereits bei anderen Teilchen, sogenannten Pionen, beobachtet. Das Photon besitzt hierbei eine ganz bestimmte Energie, die von der Axionmasse abhängt. Beim vermuteten Massenbereich der Axionen muss die Frequenz des entstehenden Photons im Bereich der Mikrowellen zwischen 100 Megahertz und 1000 Gigahertz liegen (ein Mikrowellenofen arbeitet bei 2,45 Gigahertz).

HALOSKOPE, „LICHT DURCH DIE WAND“ UND HELIOSKOPE

Ein Experiment zum Nachweis von Axionen sieht demnach im Prinzip so aus: Man nehme einen Behälter, erzeuge ein starkes Magnetfeld und beobachte, ob irgendwann darin ein Mikrowellenblitz entsteht. Zu Beginn der 1990er-Jahre liefen zwei Experimente dieser Art an, eines am Brookhaven National Laboratory, ein zweites in Gainesville. Das Brookhavener Instrument bestand aus einem Kupferzylinder mit einer Länge von 40 und einem Durchmesser von 20 Zentimetern, der von supraleitenden Magneten umgeben war. Dieser Zylinder wirkte wie ein Resonator, in dem die Axionen zerfallen und sich als Mikrowellen bemerkbar machen sollten. Da der Detektor Axionen der Dunklen Materie im Halo der Milchstraße aufspüren sollte, gehörte er zur Sorte der **Haloskope**.

Drei Jahre lang lief das Experiment, doch der ersehnte Erfolg blieb aus. Das bedeutet jedoch noch lange nicht das Aus für die Axionhypothese, denn mit den beiden Experimenten ließ sich nur ein kleiner Massenbereich zwischen vier und 16 millionstel Elektronvolt absuchen. Außerdem stellt ein solches Experiment extreme Anforderungen an die Technik. So beträgt die Energie der Mikrowelle kaum mehr als 10^{-24} Watt. Eines der größten Probleme besteht deshalb darin, den Kupferresonator perfekt gegen störende Mikrowellenstrahlung von außen abzuschirmen. Eine andere Schwierigkeit bereitet das Auffinden des Mikrowellenquants. Der Frequenzbereich lässt sich nämlich nicht komplett beobachten, sondern muss mit einem empfindlichen Empfänger Schritt für Schritt nach einem verdächtigen Signal abgesucht werden. Diese Aufgabe ist etwa vergleichbar damit, dass man im Radio irgendwo zwischen UKW und Langwelle einen bestimmten Sender sucht, der nur hin und wieder einen kurzen Piepston aussendet.

Der bislang empfindlichste Detektor dieser Art gehört zum Axion Dark Matter eXperiment (ADMX) an der Universität von Washington (Abbildung 6.17). Er besteht aus einer ein Meter langen zylindrischen Röhre mit einem halben Meter Innendurchmesser. Supraleitende Magnete erzeugen darin ein Magnetfeld von acht Tesla, entsprechend der 150.000-fachen mittleren Stärke des Erdmagnetfelds.

Wenn Axionen im Zylinder zerfallen und Strahlung der richtigen Wellenlänge entsteht, bleibt sie einen Moment darin als stehende

Abb. 6.17: Der Axiondetektor ADMX bei der Montage

Welle gefangen, bis das Zylindermaterial sie absorbiert. „Richtige" Wellenlänge bedeutet, dass diese zu den Abmessungen der Röhre passen muss. Röhrenlänge und Axionwellenlänge müssen aufeinander abgestimmt oder, wie man sagt, in Resonanz sein. Deswegen lässt sich mit einem solchen Detektor nur ein kleiner Frequenzbereich absuchen, der einem schmalen Massenbereich des Axions entspricht. Empfindliche Antennen werden im Zylinder verschoben, um nach den Schwingungsmaxima solcher Wellen zu suchen.

Im Jahr 2018 veröffentlichte die ADMX-Kollaboration ihr erstes Ergebnis. Es war negativ, womit sie einen Massenbereich von 2,7 bis 3,4 millionstel Elektronvolt ausschließen konnte. In der zweiten Messperiode soll der Bereich bis 42 millionstel Elektronvolt ausgelotet werden. Auch am CAPP in Südkorea lief ein Haloskop, mit dem sich Axionen im Bereich von 6,62 bis 6,82 millionstel Elektronvolt ausschließen ließen. Jedes Experiment ermöglicht also immer nur die Suche in einem sehr begrenzten Massenbereich.

Das unter der Leitung des Max-Planck-Instituts für Physik derzeit gebaute MAgnetized Disc and Mirror Axion eXperiment (MADMAX) soll den Bereich zwischen einem millionstel und 15 tausendstel Elektronvolt erkunden. Es basiert auf folgender Idee. Wenn sich in einem starken Magnetfeld eine Axionwelle ausbildet und auf Kunststoff trifft, wird das Feld an der Grenzfläche gebrochen. Dabei entstehen Mikrowellen, die von der Oberfläche reflektiert werden. Mit einem Hohlspiegel lassen sich diese Wellen auf einen geeigneten Detektor fokussieren und messen. Die Frequenz der Strahlung hängt direkt von der Masse des Axions ab. Das Problem: Selbst in einem extrem starken Magnetfeld und mit einem ein Quadratmeter großen Spiegel beträgt die Signalstärke nur 10^{-27} Watt – zu wenig, selbst für die empfindlichsten Detektoren.

Der Trick besteht nun darin, mehrere Scheiben aus elektrisch nichtleitendem (dielektrischem) Material in den Detektor einzu-

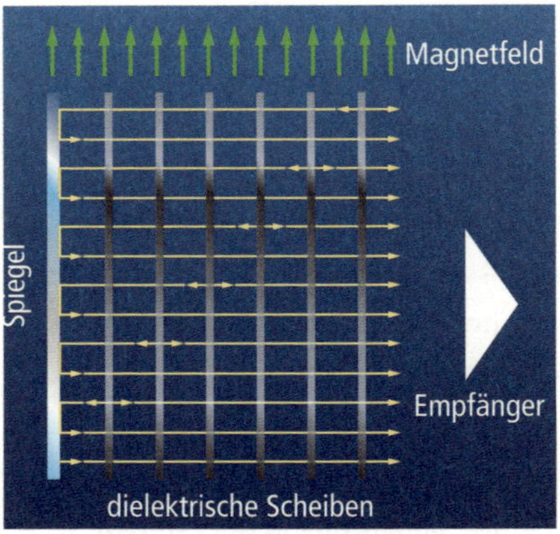

Abb. 6.18: Das Prinzip des Axiondetektors MADMAX. In einem starken Magnetfeld lässt sich ein schwaches Axionsignal mit genau platzierten dielektrischen Scheiben so verstärken, dass es messbar wird.

bauen (Abbildung 6.18). Die dort jeweils entstehenden Mikrowellen können kombiniert werden, zusätzlich erhöhen Reflexionen zwischen den Scheiben das Signal. Damit können die Wissenschaftler die Umwandlung von Axionen in einem Frequenzbereich gezielt verstärken und nach einer bestimmten Masse suchen. Bei MADMAX sollen 80 solcher Scheiben zum Einsatz kommen, die bis auf einige tausendstel Millimeter genau platziert werden müssen. In einem zehn Tesla starken Magnetfeld sollte das Signal dann in einer Größenordnung von etwa 10^{-23} Watt liegen – wenig, aber messbar. Derzeit entsteht ein Prototyp dieses „Axionradios" in einer Experimentierhalle des Deutschen Elektronen Synchrotrons DESY in Hamburg. Dort nutzen die Forscher einen Magneten der ehemaligen Hadron-Elektron-Ring-Anlage HERA.

Licht-durch-die-Wand-Experimente funktionieren etwas anders. Während Haloskope Axionen nachweisen sollen, die sich in Erdnähe aufhalten, wollen Forscher Axionen nach folgendem Prinzip *erzeugen*. In einem Magnetfeld befindet sich ein Laserstrahl. Wenn es Axionen gibt, so müsste sich darin wegen des Primakoff-Effekts hin und wieder ein Laserphoton in ein Axion umwandeln. In der Mitte des Ma-

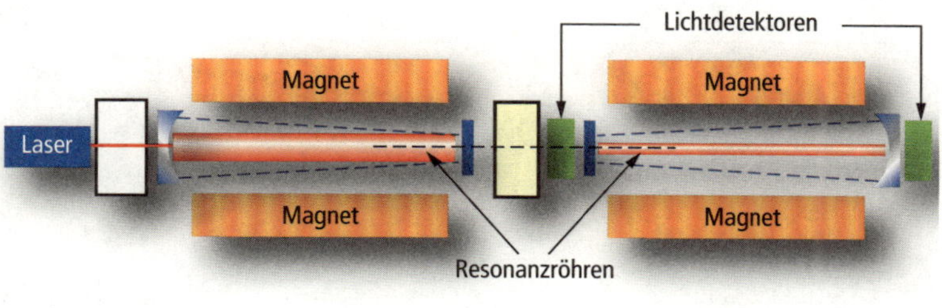

Abb. 6.19: Schema eines Axiondetektors, der nach dem Prinzip „Licht durch die Wand" funktioniert: Hierbei werden Axionen über Photonen nachgewiesen, die scheinbar eine Wand durchdringen.

gneten befindet sich eine Wand. Der Laserstrahl kann sie nicht durchdringen, wohl aber die erzeugten Axionen. Hinter der Wand können sich einige von ihnen in dem auch dort vorhandenen Magnetfeld wieder in Lichtteilchen zurückverwandeln, die sich dann mit einem empfindlichen Detektor nachweisen ließen. Damit wäre das Licht über das Botenteilchen Axion gewissermaßen durch die Wand gegangen (Abbildung 6.19).

Die erwartete Ausbeute ist allerdings äußerst ernüchternd: Höchstens jedes hundertmilliardste Photon wandelt sich in ein Axion um, und davon wandelt sich wieder nur jedes hundertmilliardste in der zweiten Kammer in Licht zurück. Damit überhaupt ein nachweisbares Ereignis stattfindet, müssen sowohl der Laserstrahl als auch das Magnetfeld möglichst stark sein.

Ein Experiment dieser Art namens Any Light Particle Search (ALPS) lief von 2007 bis 2010 am DESY. Auch hier wurde ein HERA-Magnet recycelt. ALPS war bis heute das weltweit empfindlichste Experiment dieser Art, blieb aber erfolglos. Derzeit entsteht in einem geraden Tunnelabschnitt von HERA der Nachfolger ALPS II, in dem 24 supraleitende Beschleunigermagnete in zwei hinter-

Abb. 6.20: Das Helioskop CAST am CERN

einanderliegenden, jeweils 122 Meter langen Röhren ein Magnetfeld erzeugen. Den Laser steuern das Albert-Einstein-Institut und das Institut für Gravitationsphysik der Universität Hannover bei. Sie haben auch die Laser für die Gravitationswellendetektoren LIGO und Virgo gebaut, die im Jahr 2015 erstmals erfolgreich Gravitationswellen direkt messen konnten. ALPS II soll 2021/2022 anlaufen und dann mit tausendfach erhöhter Empfindlichkeit nach Axionen im Bereich zwischen einem milliardstel und einem tausendstel Elektronvolt suchen.

Helioskope funktionieren im Grunde wieder ähnlich wie Haloskope. Axionen könnten – immer vorausgesetzt, dass es sie gibt – im Zentrum der Sonne entstehen. Hier werden in den Kernfusionsreaktionen Röntgenstrahlen frei, die sich in dem dort herrschenden Magnetfeld nach dem Primakoff-Effekt in Axionen umwandeln. Gelangt ein solares Axion in einem irdischen Labor in ein starkes Magnetfeld, so kann es sich darin wieder in ein Röntgenphoton um-

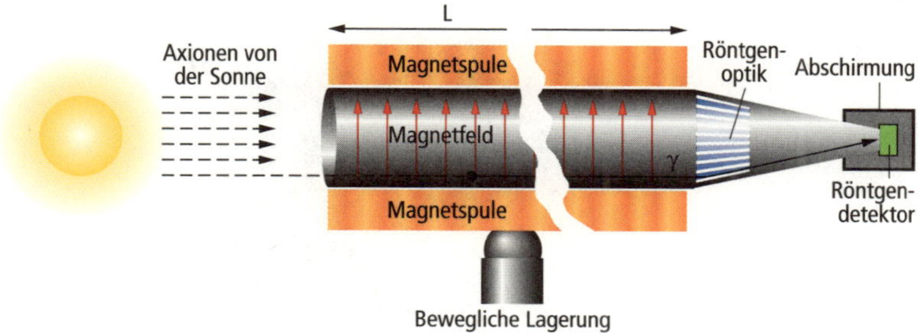

Abb. 6.21: Messprinzip eines Helioskops: Mit einer Art Teleskop werden Axionen von der Sonne gesucht, die sich in einem starken Magnetfeld in Röntgenphotonen umwandeln und so gemessen werden können.

wandeln. Im Unterschied zum Haloskop kommen die Axionen bei einem Helioskop aber von der Sonne und besäßen eine wesentlich größere Masse.

Ab 2003 entstand am europäischen Teilchenforschungszentrum CERN das Axion Solar Telescope (CAST) (Abbildungen 6.20 und 6.21). Es bestand im Prinzip aus einem langen Rohr, in dem ein Magnetfeld herrschte. An beiden Enden befand sich jeweils ein Röntgendetektor. Auch bei diesem Instrument wurde kräftig recycelt. Sowohl der neun Tesla starke Magnet als auch das Rohr stammen aus der Entwicklung des LHC. Um den Magneten in einen supraleitenden Zustand zu kühlen, wurde Technik des ehemaligen Experiments DELPHI am Large Electron-Positron Collider des CERN verwendet, und das fokussierende Spiegelsystem für die Röntgenstrahlen stammte aus dem Entwicklungsprogramm des deutschen Weltraum-Röntgenteleskops Abrixas. Während der Messung wurde das Rohr auf einem drehbaren Gestell der Sonne nachgeführt.

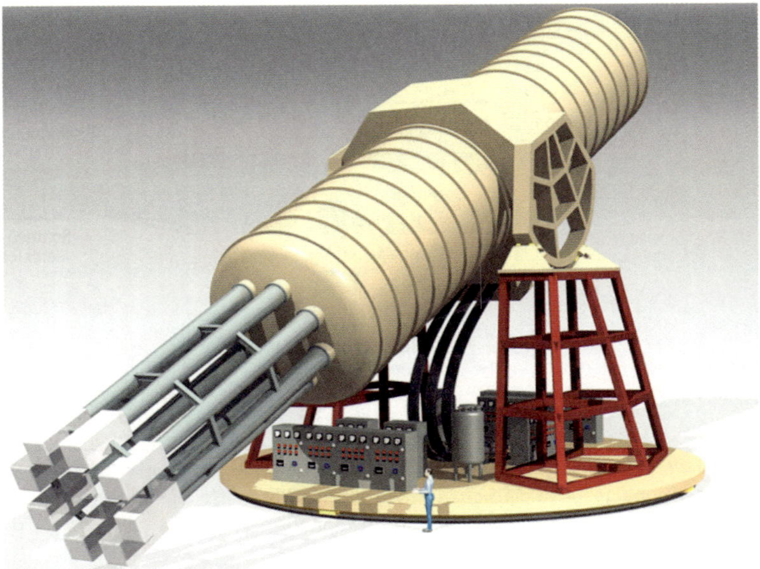

Abb. 6.22: Grafik des zukünftigen Helioskops IAXO

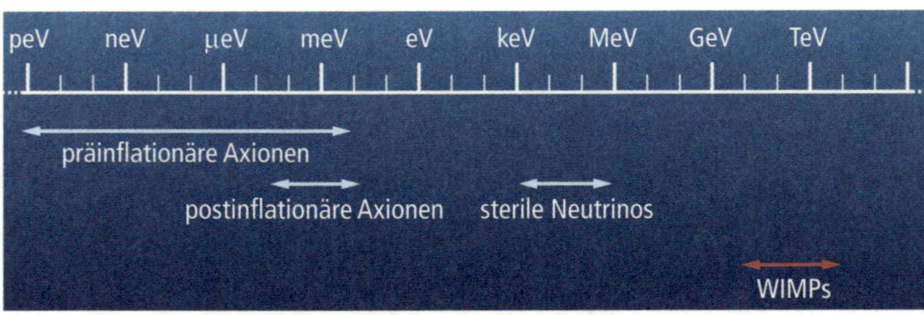

Abb. 6.23: Übersicht über die verschiedenen Familien der möglichen Dunkle-Materie-Teilchen. Der Massenbereich umfasst 24 Größenordnungen von Pikoelektronvolt (10^{-12} eV) bis Teraelektronvolt (10^{12} eV). Dies erschwert die Suche nach ihnen zusätzlich.

CAST lief bis 2011 in zwei Phasen und war insgesamt für Axionen in einem Massenbereich zwischen 0,02 und 1,12 Elektronvolt empfindlich. Das Ergebnis war negativ, aber CAST hatte bewiesen, dass das Experiment prinzipiell funktioniert. Daher beschloss eine internationale Forschergruppe 2017 den Bau eines größeren „Axionteleskops". Das International Axion Observatory IAXO wird einen 20 Meter langen supraleitenden Magneten verwenden, der eigens für dieses Experiment gebaut werden muss (Abbildung 6.22). Am Ende der Röhre werden acht spezielle Optiken die erhofften Röntgenphotonen fokussieren. Die Röhre, in der sich das Magnetfeld befindet, lässt sich wie bei CAST dem Sonnenlauf nachführen. Bei DESY in Hamburg entsteht derzeit ein Prototyp namens BabyIAXO, mit dem die komplexe Technik erprobt wird. Wenn alles nach Plan verläuft, kann er 2025 erstmals nach solaren Axionen suchen. Er wird dann hundertmal empfindlicher sein als CAST. Sollte sich BabyIAXO bewähren, würde man mit dem Aufbau des größeren, hundertmal empfindlicheren Bruders IAXO beginnen. Ab 2028 könnte dann ein Helioskop laufen, das zehntausendmal sensitiver ist als CAST.

Werden die Instrumente der nächsten Generation, wie XENONnT, DARWIN, MADMAX oder IAXO, den erhofften Durchbruch bringen? Die Fahndung nach den Dunkle-Materie-Teilchen ist mühsam und aufwendig. Sie kann erfolglos und frustrierend sein, sie kann aber auch die Tür zu einer neuen Welt aufstoßen.

Interview mit Manfred Lindner und Teresa Marrodán Undagoitia

Teresa Marrodán Undagoitia studierte Physik an der Universidad Complutense de Madrid und promovierte 2008 an der Technischen Universität München. Als Feodor-Lynen-Stipendiatin an der Universität Zürich war sie ab 2009 mit der Suche nach Dunkler Materie beschäftigt. Seit 2012 arbeitet sie am Max-Planck-Institut für Kernphysik in Heidelberg. 2014 hat sie an der Universität Heidelberg habilitiert und ist seit 2017 als Gruppenleiterin bei den XENON- und DARWIN-Projekten tätig.
Manfred Lindner, geboren 1957, studierte Physik und promovierte 1987 an der LMU München. Nach Forschungsaufenthalten am Fermi National Accelerator Laboratory in Chicago und am CERN in Genf wechselte er an die Universität in Heidelberg und die TU München, bevor er 2006 als Direktor ans Max-Planck-Institut für Kernphysik in Heidelberg kam. Dort leitet er die Abteilung für Teilchen- und Astroteilchenphysik. Seine experimentelle Hauptaktivität ist das XENON-Projekt zum direkten Nachweis von Dunkler Materie. Er ist Ko-Sprecher der XENON-Kollaboration.

Frage: XENON ist ein großes Projekt, an dem 180 Leute aus 27 Ländern arbeiten. War es überhaupt möglich, das Projekt auch während der Corona-Pandemie voranzutreiben?

Lindner: Wir hatten 2019 mit dem Aufbau von XENONnT begonnen und wurden kurz darauf von Corona kalt erwischt. Die

Covid-19-bedingte Sperre in Italien wurde am 9. März verhängt, so dass die Arbeit im Untergrundlabor strikt auf wesentliche oder dringende Arbeiten beschränkt werden musste. Wir mussten aber aus technischen Gründen den begonnenen Aufbau weiterführen und haben dann mit täglicher Genehmigung des Gran-Sasso-Labordirektors unter Einhaltung der Corona-Regelungen gearbeitet. Innerhalb unserer Gruppe haben wir noch zusätzliche Verhaltensregeln eingeführt, die uns sinnvoll erschienen. Wir haben dann die Arbeiten so geplant, dass immer nur eine überschaubare Gruppe von etwa zehn Leuten dort war. Tatsächlich haben wir im Spätsommer den Detektor mit Xenon befüllt und im Herbst mit der Inbetriebnahme begonnen. Viele Kollegen konnten kaum glauben, dass wir das geschafft haben.

Marrodán: Durch die Corona-Einreisebeschränkungen sind viele Experten zu Hause geblieben und haben per Zoom-Video die Arbeiten vor Ort überwacht. Ich war zum Beispiel für die Fotomultiplier verantwortlich und habe aus dem Homeoffice heraus die Inbetriebnahme mit organisiert. Die Leute vor Ort haben so gut und engagiert gearbeitet, dass alles wunderbar geklappt hat. Das ist absolut nicht selbstverständlich, denn alle Arbeiten sind äußerst heikel. Reinheit ist das oberste Gebot. Jede kleinste Kontamination hätte uns um Monate zurückwerfen können. Wir verdanken all jenen sehr viel, die unter diesen Bedingungen gearbeitet haben. Es ist nicht zuletzt ihr Verdienst, dass wir den weltweit empfindlichsten WIMP-Detektor in Betrieb nehmen konnten.

Lindner: Es gab zudem eine ganze Reihe von Alltagshürden, die wir nehmen mussten. Zum Beispiel waren alle Hotels geschlossen, was für uns allerdings insofern kein Problem war, weil wir schon immer eigene Appartements gemietet haben. Aber wir mussten natürlich auch für Verpflegung sorgen, die dann nicht selten auf Tiefkühlpizza hinauslief. Außerdem haben wir ein eigenes Fahrzeug vor Ort angemietet, das nur wir benutzten, und vieles mehr. Einige Kollegen befürchteten, dass ihre Heimatländer die Grenzen schließen und mussten daher vorzeitig abreisen.

Abb. 6.24: Mit größter Vorsicht wurde die Verkabelung auf der Rückseite der Fotomultiplier vorgenommen.

Frage: Wie geht es weiter mit XENONnT?

Marrodán: Wir werden einige Monate lang Daten nehmen, weitere Kalibrierungsmessungen durchführen und dann als Erstes den Bereich analysieren, in dem wir mit XENON1T ein Signal gesehen haben. Das ist im Moment extrem spannend, denn wir wissen ja nicht, ob es der erste Hinweis auf ein unbekanntes Teilchen ist oder eine Kontamination, eventuell durch radioaktives Tritium. Danach wird der Detektor aber weitere vielleicht fünf Jahre laufen, um die Empfindlichkeit im Vergleich zu XENON1T noch einmal um das Zehnfache zu steigern.

Frage: Wie schätzen Sie selbst das Signal ein, das Sie mit XENON1T bei einigen tausend Elektronvolt gemessen haben?
Lindner: Wir haben in die Analyse der Daten sehr viel Zeit investiert und alle bekannten Störeinflüsse mit einbezogen. Deshalb haben wir es mit gutem Gewissen publiziert, ohne zu behaupten, wir hätten ein Dunkle-Materie-Teilchen oder andere neue Physik gefunden. Das Ergebnis hatte dann ja auch mehrere hundert Ver-

öffentlichungen mit unterschiedlichen Erklärungsvorschlägen zur Folge. Wir wissen es schlicht nicht.

Frage: XENONnT dürfte das reinste Experiment auf der Erde sein. Können Sie das veranschaulichen?

Lindner: Xenon wird weltweit von wenigen Firmen aus der Luft gewonnen und schon relativ rein geliefert. Für unsere Zwecke reicht das aber längst nicht aus. Vor allem enthält es noch zu viel Krypton und dessen radioaktive Isotope. Wir haben eine Destillationsanlage aufgebaut, mit der wir Krypton extrahieren, bis wir einen Reinheitsgrad von 10^{-13} erreicht haben: Also auf zehn Billionen Xenonatome kommt noch ein Kryptonatom. Gefährlich ist für uns aber nur das Isotop Krypton-85, das bei seinem radioaktiven Zerfall ein WIMP-ähnliches Signal erzeugt. Es besitzt einen Anteil von nur 10^{-11} am gesamten Krypton, so dass wir effektiv eine Reinheit von 10^{-24} erreichen. Das entspräche einem Tropfen Wasser in der gesamten Ostsee.

Marrodán: Entscheidend ist aber nicht nur, dass wir diese extreme Reinheit schaffen, sondern auch, dass wir die Konzentration des radioaktiven Kryptons exakt messen. Dieser Wert geht ja in unsere Datenanalyse der unerwünschten Hintergrundereignisse ein.

Frage: Wie schätzen Sie die Ergebnisse von DAMA/LIBRA ein, die seit Jahren ein jahreszeitlich variierendes Signal messen?

Marrodán: Meiner Meinung nach muss es sich um einen Störeffekt handeln. Es gibt mittlerweile sehr viele Experimente, die viel empfindlicher sind als DAMA/LIBRA, aber dieses Signal nicht sehen. Da wurde argumentiert, dass die Detektoren aus einem anderen Material bestehen, mit dem die DAMA/LIBRA-Teilchen nicht wechselwirken. Das wäre schon schwer zu verstehen. Mittlerweile gibt es aber Experimente, die das gleiche Material verwenden wie DAMA/LIBRA und auch kein Signal sehen. An den Laborbedingungen kann es auch nicht liegen, DAMA/LIBRA steht ja in unmittelbarer Nachbarschaft von unserem XENON-Detektor. Sie müssen irgendetwas übersehen.

Frage: Es gibt eine Abschätzung, dass WIMPs einen Wechselwirkungsquerschnitt von etwa 10^{-48} cm^2 besitzen sollten. Wie zuverlässig ist diese Vorhersage?

Lindner: Diese Abschätzung ergibt sich zum einen aus grundlegenden Überlegungen der Quantenphysik. So kann man einem Teilchen eine von dessen Masse abhängige Wellenlänge zuordnen, die ein grobes Maß für den Wechselwirkungsquerschnitt ist. Den kann man sich anschaulich als Fläche des Teilchens vorstellen. Hinzu kommt aber noch ein weitgehend unbekannter Faktor, der von den Teilchenmodellen abhängt. Diese Überlegungen führen tatsächlich auf einen Wechselwirkungsquerschnitt, der etwa zwischen 10^{-45} und 10^{-50} cm^2 liegt. Kleiner kann er aber nicht sein, weil dann die WIMPs im Urknall nicht in ausreichender Zahl entstehen konnten.

Marrodán: Mit XENON1T haben wir eine untere Grenze von 10^{-47} cm^2 erreicht. Mit XENONnT stoßen wir jetzt in den vorhergesagten Bereich vor. Es wird also richtig spannend.

Frage: Die untere Grenze von 10^{-50} cm^2 werden Sie aber mit XENONnT nicht erreichen. Gibt es Pläne für einen noch größeren Detektor?

Marrodán: Wir planen schon seit Längerem einen Nachfolger, den wir DARWIN nennen. Er wird zehnmal größer sein als XENONnT. Bei diesem Großprojekt erschien es uns sinnvoll, die Expertisen unserer Kollaboration und die unseres derzeitigen Konkurrenten in den USA, LUX-ZEPLIN, zusammenzuführen. Wir werden DARWIN also mit vereinten Kräften bauen. Es laufen jetzt schon Planungen, und wenn alles optimal läuft, kann DARWIN 2027 in Betrieb gehen. An der kurzen Entwicklungsarbeit sieht man auch die heutige Überlegenheit der Xenondetektoren gegenüber den Experimenten mit Kristallen wie CRESST. Eine Flüssigkeit lässt sich viel einfacher vergrößern, und man kann dieses Volumen auch sehr sauber bekommen – mit Hinblick auf die radioaktiven Verunreinigungen. Aber CRESST hat durchaus seine Berechtigung, weil es bei kleinen Massen etwa um eine Million Elektronvolt empfindlicher ist als unser Xenondetektor. Diese Art von Detektoren decken also eine Nische ab. Gleichzeitig verstehen wir unseren Detektor immer besser und haben Tricks entwickelt, um unsere Massengrenze nach unten zu verschieben.

Lindner: Neben den technischen Anforderungen, die wir zu bewältigen haben, ist auch der Einkauf des Xenons eine Wissenschaft für sich. An den Gesamtkosten von etwa 30 Millionen Euro für XENONnT hat allein das Xenon einen Anteil von zwei Drittel. DARWIN soll 50 Tonnen Xenon beinhalten. Da wir das bereits von uns und von LZ verwendete Xenon dort einsetzen, fehlen uns noch etwa 30 Tonnen. Das ist rund die Hälfte der Weltjahresproduktion. Der zweite große Abnehmer für Xenon sind Halbleiterfirmen, die das Edelgas für die Produktion von dreidimensionalen Speicherchips benötigen. Deshalb muss man beim Xenonkauf taktisch vorgehen. Man darf nicht alles auf einmal kaufen, weil dann der Preis kräftig steigt. Man kann übriges mit Xenon auch Sportler dopen. Aber das ist zum Glück ein kleiner Markt.

Frage: Was ist, wenn Sie weder mit XENONnT noch mit DARWIN ein WIMP-Signal finden?

Marrodán: Ja, es kann durchaus sein, dass die Natur sich für die Dunkle Materie irgendetwas anderes ausgedacht hat als WIMPs. Dann können wir mit DARWIN auch nach anderen wichtigen, seltenen Prozessen suchen. Wir haben zum Beispiel schon 2019 den seltensten bekannten radioaktiven Zerfall gemessen, nämlich den von Xenon-124 in Tellur-124. Dafür haben wir eine Halbwertszeit von unvorstellbaren $1{,}8 \cdot 10^{22}$ Jahren ermittelt. Dagegen ist das Alter des Universums von 13,8 Milliarden Jahren wie ein Wimpernschlag.

Lindner: Vor allem aber wird DARWIN so empfindlich sein, dass wir erstmals Neutrinos werden messen können. Neutrinos von der Sonne oder von einer Supernova wären dann mögliche Forschungsthemen. Gleichzeitig ist mit dieser Empfindlichkeit aber auch das Ende dieser Art von WIMP-Forschung erreicht, weil die Neutrinos so viele Hintergrundereignisse produzieren, dass ein WIMP darin untergehen würde wie ein Glühwürmchen in einem Feuerwerk. Und gegen Neutrinos können wir den Detektor nicht abschirmen.

KAPITEL 7

DIE SUCHE NACH DUNKLEN GESELLEN IM ALL

Die Grundlagenphysik hält einige sehr exotische Dunkle-Materie-Kandidaten bereit. WIMPs, Axionen und sterile Neutrinos haben wir schon kennengelernt, in der Diskussion sind aber auch kleine, primordiale Schwarze Löcher. Sie alle ließen sich prinzipiell mit astronomischen Beobachtungen entdecken.

Dunkle Materie im All nachzuweisen, ist ein schwieriges Unterfangen. Die zu erwartenden Effekte sind extrem klein und Ergebnisse nicht eindeutig interpretierbar. Trotzdem gibt es zahlreiche Überlegungen und Versuche dazu.

RÖNTGENBLITZE VON STERILEN NEUTRINOS?

Im vorigen Kapitel haben wir sterile Neutrinos als mögliche Kandidaten für die Dunkle Materie kennengelernt. Diese flüchtigen Teilchen reagieren auf keine der drei Fundamentalkräfte der Teilchenphysik, sie wären also komplett unsichtbar. Dennoch besteht die Möglichkeit, sie mit astronomischen Beobachtungen aufzuspüren. Bedingung ist allerdings, dass sie entweder instabil sind und beim Zerfall Strahlung aussenden oder dass es auch sterile Antineutrinos gibt. Stößt ein Neutrino mit einem Antineutrino zusammen, so löschen sich beide aus und gehen ebenfalls in einem Strahlungsblitz auf. Im Prinzip gilt diese Nachweismöglichkeit für alle Kandidaten der Dunkle-Materie-Teilchen.

Im Jahr 2014 sorgten zwei Forschergruppen für einige Aufregung mit der Meldung, sie hätten mit den Weltraum-Röntgenteleskopen Chandra und XMM-Newton Strahlung gemessen, die vom Zerfall steriler Neutrinos stammen könnte. Einige theoretische Modelle sagen voraus, dass ein steriles Neutrino in ein Photon und ein Neutrino leichterer Masse zerfallen kann. Das Photon müsste dann eine ganz bestimmte Energie besitzen, was sich mit astronomischen Beobachtungen nachweisen ließe.

Es ist klar, dass die mittlere Lebensdauer von Dunkle-Materie-Teilchen wie sterilen Neutrinos weit größer als das heutige Weltalter sein muss, andernfalls wären die allermeisten von ihnen bis heute zerfallen. Das ist aber nicht der Fall, denn die Dunkle Materie lässt sich im heutigen Universum sicher nachweisen. Theoretiker schätzen die minimale Lebensdauer auf etwa 10^{21} Jahre. Ein Vergleich mag diese riesige Zeitspanne veranschaulichen: Denkt man sie sich auf ein Jahr geschrumpft, so würde das heutige Weltalter darin nicht einmal eine tausendstel Sekunde betragen.

Um den Zerfall derart langlebiger Teilchen nachweisen zu können, muss man sich Gebiete suchen, in denen sich sehr viele von ihnen aufhalten. Der Perseus-Galaxienhaufen zum Beispiel enthält etwa 10^{14} Sonnenmassen an Dunkler Materie, was mehr als 10^{77} dunklen Teilchen mit einer Masse von einigen tausend Elektronvolt entspricht. In

Abb. 7.1: Die Illustris-Simulation zeigt, wie sich Vernichtungsstrahlung von Dunkle-Materie-Teilchen und deren Antiteilchen in einem großen Galaxienhaufen bemerkbar machen sollte.

diesem Fall würde man in jeder Sekunde etwa 10^{48} Zerfälle steriler Neutrinos erwarten. Das könnte gerade noch beobachtbar sein.

Die 2014 mit Chandra und XMM-Newton gemessene Strahlung besitzt eine Energie von etwa 3500 Elektronvolt. Laut den beiden Forscherteams ist diese Emission in fünf unabhängigen Datensätzen vorhanden, und ihre Intensität nimmt mit der anderweitig nachgewiesenen Masse der Dunklen Materie zu. Das deutet auf einen Zusammenhang mit dem Zerfall von Dunkle-Materie-Teilchen hin. Alexey Boyarsky von der Universität Leiden und Kollegen fanden die Röntgenstrahlung in der Andromeda-Galaxie und im Perseus-Galaxienhaufen. Das andere Team um Esra Bulbul vom Harvard-Smithsonian Center for Astrophysics beobachtete mehrere Galaxienhaufen und summierte die Röntgenspektren auf, um eine bessere Empfindlichkeit zu bekommen. Damit fand auch diese Gruppe Hinweise auf die 3500-Elektronvolt-Linie, weniger deutlich auch bei Beobachtungen des Perseus-Haufens allein.

Nun sind Röntgen-Emissionslinien in Galaxienhaufen nichts Ungewöhnliches. Sie stammen von dem Millionen Grad heißen Gas. Strahlung bei 3500 Elektronvolt ließ sich jedoch bis dahin keinem Element zuordnen. Außerdem taucht die Linie auch in der Andromeda-Galaxie auf, in der es nicht sehr viel heißes Gas gibt. Deswegen zogen die beiden Forscherteams den Zerfall von Dunkle-Materie-Teilchen als mögliche Ursache in Betracht. Prinzipiell kämen hierfür Axionen in Frage, die sich in starken Magnetfeldern in Röntgenphotonen umwandeln können. Diesen inversen Primakoff-Effekt haben wir im letzten Kapitel bei der Axionsuche im Labor kennengelernt. Sterile Neutrinos erschienen den Teams aber aufgrund theoretischer Modelle am wahrscheinlichsten. Sie besäßen dann etwa die doppelte Energie der Emissionslinie, also rund 7000 Elektronvolt. Da dies im Massenbereich zwischen den leichten, heißen Neutrinos und den schweren, kalten WIMPs liegt, wären diese Teilchen ein Kandidat für warme Dunkle Materie. Haben Astronomen hier vielleicht den Fingerabdruck dieser Spezies gefunden?

Die Veröffentlichung elektrisierte die Kollegen und spornte sie zu eigenen Nachforschungen an. So analysierten Wissenschaftler des Max-Planck-Instituts für Astrophysik in Garching und der University of Michigan Röntgenspektren von 170 Galaxien, die mit Chandra und XMM-Newton beobachtet worden waren. Die Gesamtbeobachtungszeit für beide Datensätze betrug jeweils rund ein halbes Jahr! Das Ergebnis: Kein Hinweis auf die Emission bei 3500 Elektronvolt. Kurz darauf überprüfte eine Gruppe um Florian Hofmann vom

Max-Planck-Institut für extraterrestrische Physik, ebenfalls in Garching, Archivdaten des Chandra-Teleskops von 33 Galaxienhaufen. Auch hier das ernüchternde Ergebnis: Weder in den einzelnen Haufen noch in der Aufsummierung aller Spektren zeigte sich die Linie. Zum gleichen Ergebnis kam eine Gruppe um Sunayana Bhargava von der University of Sussex nach der Untersuchung von 114 Galaxienhaufen aus dem XMM-Newton-Datenschatz. Ein letzter Rückschlag erfolgte 2020, als ein Team um Christopher Dessert von der University of Michigan das Datenarchiv von XMM-Newton nach der geheimnisvollen Strahlung aus dem Halo der Milchstraße durchforstete. Auch hier ohne Erfolg.

Diese Ergebnisse sind äußerst ernüchternd. Sie schließen zwar die Existenz und den Zerfall steriler Neutrinos nicht aus, setzen ihrem möglichen Beitrag zur Dunklen Materie aber sehr enge Grenzen. Die Ursache der Emission – so sie überhaupt existiert – ist indes nicht abschließend geklärt. Eine „bodenständige" Erklärungsmöglichkeit lieferten aber Physiker des Max-Planck-Instituts für Kernphysik und Kollegen vom SRON Netherlands Institute for Space Research. Mit Laborexperimenten konnten sie nachweisen, dass Schwefelatome, die alle Elektronen verloren haben, mit ihrer starken elektrischen Ladung ein Elektron von benachbarten Wasserstoffatomen „absaugen" können und anschließend Röntgenlicht abgeben (Abbildung 7.2). Vollständig ionisierter Schwefel ist ausreichend in dem heißen intergalaktischen Gas vorhanden, und die Röntgenstrahlung besitzt eine Energie von 3470 Elektronvolt, was die astronomischen Beobachtungen problemlos erklären würde.

Der Indizienbeweis für die Existenz steriler Neutrinos steht also auf wackeligen Beinen. Die mysteriöse 3500-Elektronvolt-Linie bleibt weiterhin auf der Agenda der Röntgenastronomen. Vielleicht kann das 2019 gestartete Weltraum-Röntgenteleskop eROSITA weitere Klarheit bringen.

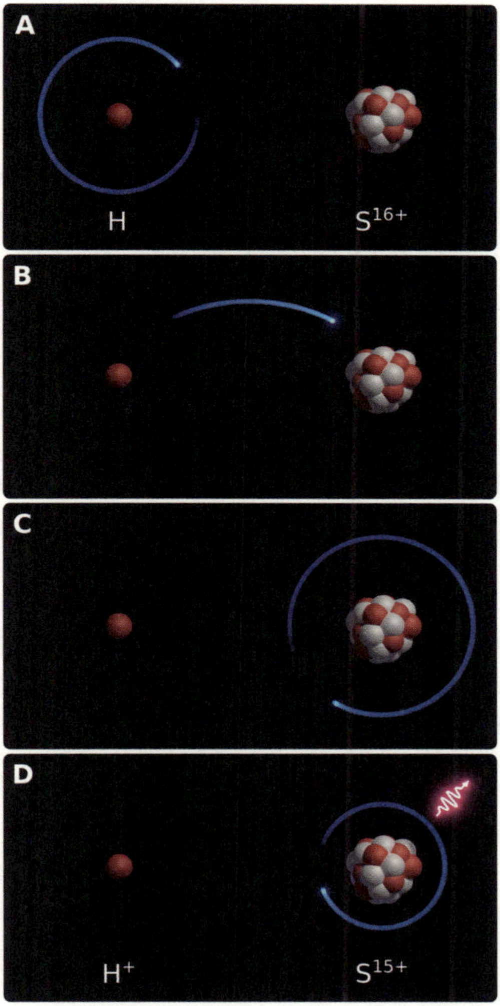

Abb. 7.2: Ein mutmaßliches Röntgensignal von Galaxienhaufen könnte entstehen, wenn hochgeladene Schwefelionen jeweils ein Elektron aufnehmen. Nähert sich ein Schwefelkern (S^{16+}) einem Wasserstoffatom H (A), so kann es dessen Elektron abziehen (B). Dieses landet in einem hohen Energieniveau des S^{15+}-Ions (C), das unter Aussenden von Röntgenlicht in den Grundzustand übergeht (D).

GESUCHT: SIGNATUREN VON AXIONEN UND WIMPS

Mit welchen Experimenten Physiker versuchen, Axionen im Labor nachzuweisen, haben wir im letzten Kapitel gesehen. Astronomen sind zudem auf eine Methode gestoßen, wie man diese hypothetischen Leichtgewichte auch im All aufspüren könnte. Hierfür nutzen sie ebenfalls den Primakoff-Effekt, also die Möglichkeit, dass sich in einem Magnetfeld aus einem hochenergetischen Photon ein Axion bilden kann. Die Suchstrategie funktioniert folgendermaßen: Man beobachtet eine Gammastrahlenquelle am Himmel, die sich innerhalb von oder hinter einem Galaxienhaufen befindet. Einige Photonen können sich dann auf ihrem Millionen Lichtjahre langen Weg durch das Magnetfeld des Galaxienhaufens in Axionen umwandeln. Dieses Verschwinden eines Teils der Strahlung macht sich im Spektrum der Quelle bemerkbar.

Mehrere Astronomenteams haben seit 2016 die Daten des Gamma-Weltraumteleskops Fermi nach solchen Signaturen durchforstet. Das Ergebnis war negativ. Axionen haben sich nicht gezeigt. Die Suche wurde auch zu höheren Energien ausgeweitet. Hierfür stehen neben dem Fermi-Teleskop die großen Gammastrahlen-Observatorien MAGIC auf La Palma und H.E.S.S. in Namibia zur Verfügung. Auch in diesem Energiebereich fanden sich keine Hinweise auf Axionen. Die Beobachtungen decken bislang einen schmalen Massenbereich von etwa 10^{-10} bis 10^{-8} Elektronvolt ab. Mit zukünftigen Observatorien wie dem Cherenkov Telescope Array auf La Palma und in Chile lässt sich der Bereich nach unten und oben um jeweils eine Größenordnung erweitern. Es geht aber in jedem Fall nur um ultraleichte Axionen.

Mit dem Fermi-Teleskop fand man in der Umgebung des Milchstraßenzentrums jedoch eine erhöhte Gammastrahlung. Diese könnte im Prinzip entstehen, wenn WIMPs und Anti-WIMPs zusammenstoßen und sich unter Aussenden von zwei Lichtblitzen vernichten.

Abb. 7.3: Das Alpha-Magnetic Spectrometer (AMS-02) ist in der Mitte auf dem Träger der Internationalen Raumstation zu sehen.

Der hierfür ermittelte Massenbereich zwischen zehn und 50 Milliarden Elektronvolt würde bestens zu den erwarteten Teilchen passen, die wir ebenfalls im vorhergehenden Kapitel näher kennengelernt haben. Gleichzeitig lässt sich die Strahlung aber wohl auch durch Pulsare erklären, schnell rotierende Neutronensterne, die gepulste Strahlung aussenden. Das letzte Wort ist hier noch nicht gesprochen, aber im Zweifelsfall tendieren Forscher eher zur klassischen Erklärung.

Ein weiteres Experiment gibt Forschern seit ein paar Jahren zu denken, es betrifft Daten des Alpha Magnetic Spectrometer (AMS-02, Abbildung 7.3). Dieser tonnenschwere Detektor befindet sich seit 2011 an der Außenseite der Internationalen Raumstation und misst dort die Teilchen der kosmischen Strahlung. Im Jahr 2017 veröffentlichte die Kollaboration das überraschende Ergebnis, dass sie mehr Antiprotonen und Positronen (Antielektronen) gefunden habe als erwartet. Eine mögliche Erklärung wäre deren Entstehung bei der gegenseitigen Vernichtung von WIMPs und Anti-WIMPs. Auch hier passte die ermittelte Masse zwischen 30 und 80 Milliarden Elektronvolt sehr gut zu den WIMPs und stimmte mit den Analysen der Gammastrahlung aus dem Zentrum der Milchstraße überein.

Doch auch hier gibt es Kritik an der Interpretation. Um die große Zahl der Antiteilchen zu erklären, müsste es viel mehr WIMPs geben und diese müssten viel öfter miteinander wechselwirken als erwartet. Viele Forscher vermuten, dass die Antimaterieteilchen entstehen, wenn Partikel im interstellaren Medium mit hoher Geschwindigkeit zusammenstoßen. Bei solchen Kollisionen entstehen neue Teilchen, wie man es von Teilchenbeschleunigern wie dem LHC her kennt. Die Diskussion ist nach wie vor offen, der gemessene Teilchenüberschuss wird sich nur schwer klären lassen.

SCHWARZE LÖCHER AUS DER URZEIT?

Schwarze Löcher scheinen auf den ersten Blick ideale Kandidaten für die Dunkle Materie zu sein: Sie sind unsichtbar und enthalten sehr viel Masse, so dass sie über die Schwerkraft zur Strukturbildung beigetragen haben könnten (siehe das Interview mit Volker Springel in Kapitel 3). Ein Schwarzes Loch entsteht, wenn ein schwerer Stern am Ende seines Lebens seinen Brennstoff verbraucht hat und explodiert. Dann sprengt er seine äußere Hülle ab, die hell als Supernova oder als Gammastrahlenblitz aufleuchtet. Der zentrale Teil aber bricht in sich zusammen. Besitzt dieser mindestens zwei bis drei Sonnenmassen, so überwiegt die Schwerkraft und nichts kann den Kollaps mehr verhindern: Der Sternrest verschwindet als Schwarzes Loch. Die Raumkrümmung wird dann unendlich groß, sie schließt sich gewissermaßen um das Objekt. Von da an kann nichts mehr aus seinem Inneren entweichen, nicht einmal Licht.

Damit ist klar, dass die ehemalige Sternmaterie, die in einem Schwarzen Loch verschwindet, von normaler, baryonischer Natur war. Wenn Schwarze Löcher die Dunkle Materie stellen würden, dann gäbe es viel mehr normale Materie als aus den Berechnungen der Elementsynthese im Urknall oder der Analyse der kosmischen Hintergrundstrahlung abgeleitet wird. Diese sagen genau die genannten fünf Prozent an der insgesamt im Universum vorhandenen Materie voraus, die auch zu den Beobachtungen passen (siehe Kapitel 5). Dennoch sind Schwarze Löcher heute wieder zu Dunkle-Materie-Kandidaten geworden. Allerdings müssten sie dann unter gänzlich anderen Bedingungen entstanden sein als gerade geschildert.

Die Idee geht auf den britischen Astrophysiker Stephen Hawking zurück. Er schrieb 1971: „Es wird vermutet, dass es eine große Anzahl gravitativ kollabierter Objekte ab einer Masse von 10^{-5} Gramm geben könnte, die durch Fluktuationen im frühen Universum entstanden sind.“ Schon wenige Jahre zuvor hatten Jakow Seldowitsch und Igor Nowikow diese Idee ins Spiel gebracht, jedoch fand ihre in einer sowjetischen Fachzeitschrift erschienene Veröffentlichung keine Beachtung. Hawking sah in den Schwarzen-Mini-Löchern noch keine Kandidaten für die Dunkle Materie, dies schlug 1975 George Chapline vom Lawrence Livermore Laboratory vor. Doch erst die Entdeckung der Gravitationswellen von kollidierenden und verschmelzenden Schwarzen Löchern mit den LIGO-/Virgo-Detektoren rückten Hawkings Hypothese wieder ins Rampenlicht der Forschung. Die über Gravitationswellen nachgewiesenen Schwarzen Löcher besitzen im Schnitt mehr als 30 Sonnenmassen, das schwerste weist sogar rund 90 Sonnenmassen auf. Derartige Schwergewichte können nach den derzeitigen Vorstellungen nicht in einem Sternkollaps entstanden sein. Haben sie sich vielleicht unmittelbar nach dem Urknall in dem heißen Gas gebildet?

Es gibt eine ganze Reihe möglicher Ursachen für die Entstehung von solchen primordialen Schwarzen Löchern. Einige sind sehr exotisch und spekulativ, die meisten gehen aber von einer einfachen Hypothese aus: Wenn im heißen Urgas zufällig auftretende Dichteschwankungen einen bestimmten Wert überschritten, konnten diese Klumpen zu Schwarzen Löchern kollabieren. Auf diese Weise hätten sie vielleicht innerhalb der ersten ein bis zwei Sekunden nach dem Ende der inflationären Phase entstehen können und damit keinen Einfluss auf die danach einsetzende Elementsynthese gehabt. Nach theoretischen Abschätzungen könnten in dieser kurzen Zeitspanne Schwarze Löcher mit Massen zwischen 10^{-5} Gramm und 10^{5} Sonnenmassen entstanden sein – ein gewaltiger Bereich, der auch die schweren Objekte der Gravitationswellenmessungen abdeckt. Ist das Universum also womöglich voll mit Schwarzen Löchern unterschiedlicher Größe?

Mit physikalischen Argumenten und astronomischen Beobachtungen lässt sich diese Frage schon sehr weit eingrenzen (Abbildung 7.4). Zunächst einmal fand Hawking heraus, dass Schwarze Löcher aufgrund von relativistischen Quanteneffekten nicht vollkommen schwarz sind, sondern etwas Strahlung aussenden. Dadurch verlieren sie an Masse und lösen sich schließlich in einem Lichtblitz, der Hawking-Strahlung, auf. Dieser Effekt ist winzig, bewirkt aber, dass Schwarze Löcher mit weniger als 10^{15} Gramm, entsprechend der Größe eines Protons, bis heute nicht überlebt haben können. Auf der anderen Seite kann es zumindest nicht sehr viele primordiale Schwarze Löcher mit mehr als zehn Sonnenmassen geben. Sie müssten sich zum einen in der kosmischen Hintergrundstrahlung bemerkbar machen, zum anderen müsste es sehr viele von ihnen im dunklen Halo der Milchstraße geben. Hin und wieder würden sie auch die Milchstraße durchqueren und dabei mit ihrer Schwerkraft Sterne und Gas aufwirbeln, was man nicht beobachtet.

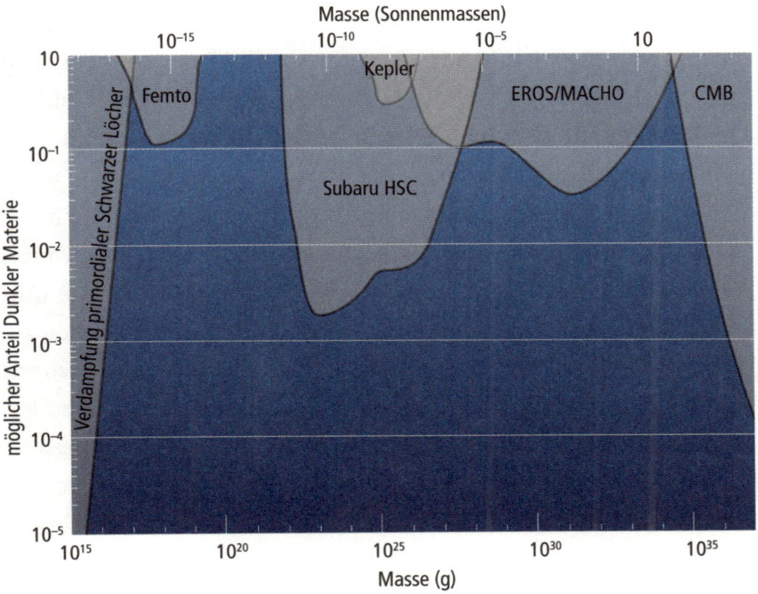

Abb. 7.4: Mit unterschiedlichen Beobachtungstechniken lassen sich Massenbereiche für primordiale Schwarze Löcher ausschließen (graue Flächen). Auf der y-Achse ist der maximal mögliche Anteil an der erforderlichen Menge an Dunkler Materie aufgetragen, die x-Achse gibt den Massenbereich an. Demnach bleibt für Schwarze Löcher nur noch ein Fenster zwischen 10^{19} und 10^{22} Gramm.

Es gibt aber vor allem einen Effekt, mit dem sich Schwarze Löcher aufspüren lassen: den Mikrogravitationslinseneffekt. Wir haben ihn bereits im ersten Kapitel kennengelernt, wo es darum ging, MACHOs im Halo der Milchstraße zu finden. Wenn auf der Sichtlinie zwischen uns und einem Stern ein Körper vorbeizieht, so durchläuft das Sternlicht den um diesen Körper gekrümmten Raum. Dies äußert sich in einem kurzen Aufflackern des Sterns. Aus der Dauer dieses Ereignisses und seinem charakteristischen zeitlichen Verlauf lässt sich die Masse des unsichtbaren Körpers errechnen. Das gilt für normale Himmelsobjekte wie Planeten oder lichtschwache Sterne genauso wie für Schwarze Löcher. Deswegen kann man die Daten der jahrelangen Suchprogramme nach MACHOs dafür verwenden, den möglichen Existenzrahmen von Schwarzen Löchern einzugrenzen. Nach solchen Analysen entfällt weitgehend der Bereich zwischen etwa zehn Sonnenmassen und einer Jupitermasse.

Mit dem 8,2-Meter-Subaru-Teleskop auf Hawaii konnte ein internationales Forscherteam den Massenbereich noch weiter eingrenzen. Die Gruppe beobachtete Sterne in der Andromeda-Galaxie und suchte die Daten nach möglichen Gravitationslinsenereignissen ab. Wenn die Dunkle Materie aus primordialen Schwarzen Löchern bestünde, die leichter sind als der Mond, sollten sich etwa 1000 Ereignisse finden. Doch nach sorgfältiger Analyse, bei der zum Beispiel von sich aus veränderliche Sterne ausgesondert wurden, konnten sie nur einen verdächtigen Fall identifizieren. Ob es sich um ein Schwarzes Loch handelte, ist unklar. Dennoch belegen die Beobachtungen, dass primordiale Schwarze Löcher im Massenbereich von Monden und kleinen Planeten nicht mehr als 0,1 Prozent zur gesamten Dunklen Materie beitragen können.

Alle einschränkenden Beobachtungen zusammengenommen lassen nur noch ein Fenster im sogenannten Asteroidenbereich von 10^{19} bis 10^{22} Gramm offen. Gesteinskörper mit dieser Masse besitzen einen Radius zwischen zehn und 100 Kilometern, Schwarze Löcher hingegen nur zwischen 0,03 und 30 Nanometern. Das entspricht etwa der Größe eines Atoms. Ein Nachweis ist also sehr herausfordernd.

KAPITEL 8

DUNKLE MATERIE: NUR EIN TRUGBILD?

Im Jahr 1983 überraschte der israelische Physiker Mordehai Milgrom die Kosmologen mit einem ebenso neuen wie radikalen Vorschlag: Die hypothetische Dunkle Materie gebe es gar nicht, sondern das Newtonsche Gravitationsgesetz müsse geändert werden. Milgroms Theorie wird auch heute noch in weiterentwickelter Form diskutiert, wenngleich auch nur von wenigen Astrophysikern.

Zu Beginn der 1980er-Jahre hatten sich aus Sicht der meisten Astrophysiker die Hinweise auf das Wirken Dunkler Materie immer mehr verdichtet: Spiralgalaxien rotieren zu schnell, Galaxien bewegen sich zu flink innerhalb ihrer Haufen, und die erstaunliche Gleichförmigkeit der kosmischen Hintergrundstrahlung warf die Frage auf, wie sich aus dem weitgehend homogenen Urgas die heutigen Galaxien und Galaxienhaufen bilden konnten. Wie in Kapitel 3 geschildert, schlug James Peebles als Lösung die Existenz nichtbaryonischer Teilchen vor. Während viele von Peebles Kollegen diese Idee rasch aufgriffen und fortführten, setzte Mordehai Milgrom vom Weizmann Institute of Science in Rehovot, Israel, auf eine ganz andere Lösung.

EINE ALTERNATIVE GRAVITATIONSTHEORIE

Nach der Newtonschen Mechanik nimmt die Schwerkraft eines Körpers quadratisch mit seiner Entfernung ab. Dementsprechend verringert sich auch die Beschleunigung und die Geschwindigkeit eines anderen Körpers, der diesen umkreist. Dieser Zusammenhang wurde mit hoher Genauigkeit getestet und äußert sich zum Beispiel im dritten Keplerschen Gesetz, das die Umlaufzeiten der Planeten um unsere Sonne zueinander in Beziehung setzt.

Doch in den Außenbereichen von Spiralgalaxien sind Schwerkraft und Beschleunigung viel kleiner als im Sonnensystem, weshalb wir nicht mit Bestimmtheit sagen können, ob das Newtonsche Kraftgesetz unter diesen Bedingungen gilt oder nicht. Wenn die Schwerkraft dort nicht quadratisch mit der Entfernung abnimmt, sondern langsamer, dann wäre sie in den Außenbereichen der Galaxien stärker als gedacht, und die Sterne bewegten sich schneller, als man es nach Newton erwartet.

Milgrom veröffentlichte seine Idee 1983 im *Astrophysical Journal* in drei Arbeiten. Darin schrieb er: „Ich ziehe die Möglichkeit in Betracht, dass es tatsächlich nicht viel verborgene Masse in Galaxien und Galaxiensystemen gibt. Wenn eine bestimmte modifizierte Version der Newtonschen Dynamik verwendet wird, um die Bewegung von Körpern in einem Gravitationsfeld (z. B. einer Galaxie) zu beschreiben, werden die Beobachtungsergebnisse reproduziert, ohne dass man eine verborgene Masse in nennenswerten Mengen annehmen muss. Verschiedene Eigenschaften von Galaxien ergeben sich ohne

Abb. 8.1: Der Erfinder der alternativen Gravitationstheorie MOND, Mordehai Milgrom

weitere Annahmen.“ Bis heute wird seine MOdified Newtonian Dynamics (MOND) leidenschaftlich diskutiert.

MOND führt eine neue Naturkonstante ein, die Beschleunigung a_0. Ist die Beschleunigung größer als a_0, gilt das altbekannte Newtonsche Gesetz. Unterhalb von a_0 ändert sich das Gesetz. In diesem Bereich ist für eine bestimmte Beschleunigung eine geringere Kraft und damit auch eine geringere Masse an Sternen nötig als nach Newton. Das würde die hohen Geschwindigkeiten der Sterne in den Außenbereichen der Milchstraße und anderen Spiralgalaxien erklären.

In der zweiten Veröffentlichung von 1983 wendete Milgrom seine Theorie auf die Milchstraße an und errechnete für sie den Wert $a_0 = 2 \cdot 10^{-10}$ m/s². In der dritten Veröffentlichung beschäftigte er sich mit mehreren Galaxienhaufen. Mit dem Wert für a_0 fand er auch dort eine zufriedenstellende Erklärung für die Geschwindigkeiten der Galaxien.

Bei der Anwendung seiner Theorie auf weitere Galaxien und Galaxienhaufen legte Milgrom den Wert für a_0 in den folgenden Jahren genauer auf $1{,}2 \cdot 10^{-10}$ m/s² fest. Das entspricht etwa einem

Hundertmilliardstel der Erdbeschleunigung. Zudem konnte er ein schon lange bekanntes Gesetz für Spiralgalaxien erklären. Die Umlaufgeschwindigkeiten der Sterne erreichen, wie in Kapitel 1 erklärt, in den äußeren Bereichen einen nahezu konstanten Wert: Die Rotationskurven werden dort flach. Dieser Geschwindigkeitswert steigt mit der dritten bis vierten Potenz mit der Leuchtkraft einer Galaxie und damit mit der Anzahl an Sternen an. Das ist anschaulich einleuchtend: Je mehr Sterne, desto größer die Schwerkraft und desto höher die Umlaufgeschwindigkeiten. Dieses Gesetz fanden schon 1977 die amerikanischen Astronomen Brent Tully und Richard Fisher. Milgrom konnte nun zeigen, dass sich dieser universelle Zusammenhang direkt aus der Formel von MOND ergibt. Doch auch moderne Simulationen mit Dunkler Materie, wie die in Kapitel 3 beschriebenen Programme Illustris und TNG, führen auf die Tully-Fisher-Relation. Der Zusammenhang zwischen der baryonischen Masse einer Galaxie und der Rotationsgeschwindigkeit der Sterne ergibt sich hier offenbar aus der Entstehung der Dunkle-Materie-Halos und der Galaxien unter dem Einfluss der Gravitation. Einfach gesagt: Je größer der Halo, desto größer die Galaxie.

Milgrom hatte in seinen ersten Veröffentlichungen auch die hohen Geschwindigkeiten von Galaxien in Haufen erklärt. Nachdem immer mehr Beobachtungsdaten zur Verfügung standen, tat sich jedoch zunehmend ein Problem auf. Es zeigte sich, dass MOND insbesondere in den Zentralbereichen von großen Galaxienhaufen die fehlende Materie nicht ausreichend erklären kann. Mit dem Gravitationslinseneffekt lässt sich dort die Masse sehr genau nachweisen. Was ist die Ursache dieser Diskrepanz? Die MOND-Anhänger vermuten, dass es in Galaxienhaufen noch große Mengen an normaler baryonischer Materie gibt, die sich bislang nicht nachweisen ließ. Das könnte zum Beispiel warmes Gas sein, das sich, anders als das heiße intergalaktische Gas, nicht durch Röntgenstrahlung verrät. Die bisherigen

Beobachtungen lassen indes nicht mehr viel Raum für derartige Materie. Außerdem sprechen die Ergebnisse der Elementsynthese und die Daten der kosmischen Hintergrundstrahlung gegen große Mengen an unentdeckter baryonischer Materie.

MOND weist noch weitere Probleme auf, zum Beispiel bei der Erklärung, wie sich aus dem nahezu homogenen Urgas die Galaxien und ihre Verbände bilden konnten. Bislang gibt es keine Computersimulationen wie Illustris, die die Leistungsfähigkeit von MOND in dieser Hinsicht belegen können. Eine vereinfachende Abschätzung besagt, dass sich die großen Strukturen mit dem abgeänderten Gravitationsgesetz gut bilden, weil die Schwerkraft in Gebieten mit geringer Beschleunigung (also weniger Materie) stärker ist als nach dem Newtonschen Gesetz. Diese Abschätzung zieht jedoch nicht in Betracht, dass normale Materie bei Kontraktion einen Druck aufbaut, der die weitere Verdichtung verlangsamt oder gar verhindert. Genau diese Eigenschaft eines Gases war der Grund, die nichtbaryonische Materie einzuführen.

Ebenso schwer wiegt ein weiteres Manko. MOND kann das Leistungsspektrum der kosmischen Hintergrundstrahlung nicht ausreichend erklären. Wie in Kapitel 3 dargestellt, repräsentieren die „Flecken" in der Hintergrundstrahlung Verdichtungen im Urgas. Die Größenverteilung dieser Flecken, das Leistungsspektrum, enthält eine Fülle von Informationen und lässt sich exzellent im Rahmen des kosmologischen Standardmodells interpretieren. Insbesondere verstärkt die Dunkle Materie darin das dritte Maximum. Genau diese Verstärkung kann MOND nicht erklären. Hier versagt die Theorie eklatant.

MOND hatte anfangs auch deswegen sehr wenige Befürworter, weil die Theorie nicht physikalisch begründet war. Milgrom hatte einfach Newtons Gravitationsgesetz so geändert, dass es die Rotationskurven der Galaxien erklären konnte. Der durchaus selbstkritische

Forscher schrieb 2009 in Spektrum der Wissenschaft: „Trotz solcher Erfolge ist MOND vorläufig nur eine begrenzt phänomenologische Theorie. Mit phänomenologisch meine ich, dass sie nicht durch fundamentale Prinzipien motiviert ist oder darauf aufbaut."

MOND lässt sich physikalisch in zwei Richtungen deuten. Zum einen könnte man die Theorie als Modifikation des klassischen Newtonschen Aktionsprinzips ansehen, wonach die Kraft auf ein Objekt proportional zur Beschleunigung eines Körpers ist. Zum anderen kann man sie als Änderung des Gravitationsgesetzes verstehen, wonach die Schwerkraft quadratisch mit der Entfernung abnimmt. Beide Fälle sind ein Angriff auf die Newtonsche Mechanik. Das allein wäre noch nicht erschreckend, denn schon Einsteins Spezielle und Allgemeine Relativitätstheorie haben ja bewiesen, dass die Newtonsche Physik lediglich bei moderaten Vorgängen, wie sie in unserem Alltag stattfinden, ausreichend genau ist. Sobald man in den Bereich der Lichtgeschwindigkeit oder sehr starker Gravitation gerät, werden die Newtonschen Gesetze zunehmend ungenau und müssen der Relativitätstheorie weichen.

Die Berechnung der Bewegungen von Sternen in Galaxien und Galaxien in ihren Haufen fallen in den Bereich der Newtonschen Gesetze. Wenn MOND aber als physikalisch begründete Theorie anerkannt werden will, muss sie in das Konzept der Allgemeinen Relativitätstheorie integriert werden. Andernfalls kann sie auch andere Phänomene wie Gravitationslinsen oder die Strukturbildung aus dem Urgas nicht erklären. Milgrom zweifelt selbst nicht am Konzept der Allgemeinen Relativitätstheorie, das auf der gekrümmten Raumzeit beruht. Doch so, wie sich daraus die Newtonsche Theorie als Grenzfall für schwache Gravitation ergibt, sollte in einer irgendwie geänderten Relativitätstheorie MOND als Grenzfall für schwache Beschleunigungen unterhalb von a_0 auftreten. Für große Beschleunigungen müsste wie gehabt das Newtonsche Gesetz enthalten sein.

Eine komplizierte Konstruktion, für die erstmals Jacob Bekenstein von der Hebräischen Universität in Jerusalem im Jahr 2004 eine Lösung fand. Bekenstein, der sich bis dahin mit der Physik Schwarzer Löcher einen Namen gemacht hatte, verhalf MOND damit zu ganz neuem Ansehen.

MÖGLICHE ERWEITERUNGEN DER RELATIVITÄTSTHEORIE

Bekensteins Tensor-Vektor-Skalar-Gravitation TeVeS benötigt im Vergleich zur Relativitätstheorie zusätzliche Felder im Raum und zwar ein Vektor- und ein Skalarfeld. (Für Fachleute: Vektorfelder besitzen eine Richtungsabhängigkeit wie ein elektrisches oder ein Magnetfeld. In einem Skalarfeld wird jedem Punkt im Raum ein Wert zugeordnet wie bei einer Temperaturverteilung in der Atmosphäre.) TeVeS ist zunächst ein rein mathematisches Konstrukt, das den formalen Vorgaben von MOND entsprechen muss. Über die physikalische Ursache der beiden neuen Felder macht es keine Aussagen. Milgrom hat jedoch stets auf bemerkenswerte Zusammenhänge der Beschleunigung a_0 hingewiesen. So entspricht $2\pi \cdot a_0$ ziemlich genau dem Wert des Produkts aus der Lichtgeschwindigkeit c und der Hubble-Konstante H_0. Und er findet einen rein numerischen Zusammenhang zwischen a_0 und dem Wert der Beschleunigung des expandierenden Universums durch die Dunkle Energie. Sind diese Übereinstimmungen Zufall oder haben sie etwas mit den Feldern von TeVeS zu tun?

Da TeVeS eine Erweiterung der Allgemeinen Relativitätstheorie ist, basiert auch diese Theorie darauf, dass Materie die Raumzeit krümmt. Insofern lässt sie sich an Gravitationslinsen testen, die ja ein Phänomen der Raumkrümmung sind. Mehrere Versuche wurden unternommen, die beobachteten Gravitationslinsenbilder mit MOND oder TeVeS zu erklären – ohne überzeugenden Erfolg. Das Problem liegt auf der Hand: Die Gravitationslinsenbilder gehören mit zu den stärksten Argumenten für die Existenz der Dunklen Materie, denn die sichtbaren Galaxien bringen nun einmal nicht annähernd genügend Masse auf, um sie zu erklären. Wie soll dann ein modifiziertes Gravitationsgesetz dieses leisten, zumal es sich nur in Bereichen geringer Beschleunigung, sprich Schwerkraft, von der Allgemeinen Relativitätstheorie unterscheidet? So leuchtet das Ergebnis einer britischen Gruppe um Ignacio Ferreras vom University College London ein: Aus der Analyse mehrerer sehr gut untersuchter Galaxienhaufen kommen sie zu dem Schluss, dass sich die Gravitationslinsenbilder mit TeVeS nur erklären lassen, wenn man zusätzlich große Mengen an unsichtbarer Materie annimmt. Da MOND-Befürworter die Existenz Dunkler Materie ablehnen, müssen sie bekannte Teilchen wie Neutrinos postulieren.

Ganz schwierig wird es für MOND/TeVeS im Falle des Bullet-Clusters, dem Rosetta-Stein der Dunkle-Materie-Forschung (Kapitel 2). Der Cluster besteht aus zwei Galaxienhaufen, die sich gegenseitig durchdrungen haben. Dabei ist das normale Gas in der Kollisionszone zwischen den beiden Haufen zurückgeblieben, während sich die Dunkle Materie reibungslos mit den beiden Haufen mitbewegt hat. Sie wirkt als Gravitationslinse und lässt sich damit nachweisen. Wie aber soll die MOND-Theorie die Gravitationslinsenbilder erklären, wenn sie die Existenz der Dunklen Materie bestreitet?

Es wurden Überlegungen angestellt, wie man das Phänomen dennoch erklären könnte, sie wirken jedoch gekünstelt und überzeugen nicht. Letztlich sind sie darauf angewiesen, zusätzliche Felder oder gar unsichtbare Materieklumpen zu prognostizieren. So kam zum Beispiel ein internationales Team um Garry Angus von der Universität St. Andrews, Großbritannien, zu dem Ergebnis, dass sich der Bullet-Cluster mit einer Wolke von Neutrinos mit einer Masse

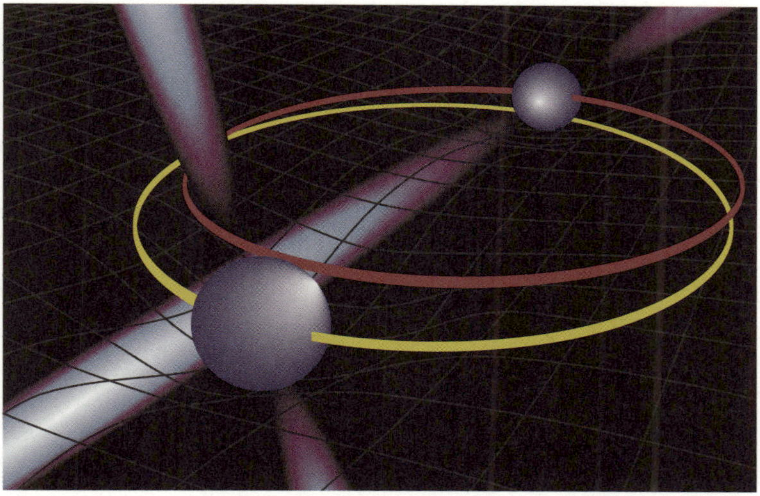

Abb. 8.2: Mit Beobachtungen des Doppelpulsars PSR J0737-3039 lassen sich Vorhersagen der Allgemeinen Relativitätstheorie und deren mögliche Alternativen sehr genau überprüfen.

von zwei Elektronvolt erklären ließe. Abgesehen davon, dass das Experiment KATRIN mittlerweile eine Obergrenze für die Neutrinomasse von weniger als einem Elektronvolt gemessen hat, erscheint ein Neutrinohalo so gut wie ausgeschlossen. Dunkle Materie erklärt alle Phänomene wesentlich schlüssiger.

Mittlerweile sind zudem erhebliche Zweifel grundsätzlicher Natur an TeVeS aufgekommen. Die Theorie ist so konstruiert, dass sie bei geringer Schwerkraft von der Allgemeinen Relativitätstheorie abweicht. Doch tut sie das auch bereits in starken Feldern, wie sie zum Beispiel in der Umgebung von Neutronensternen (oder Pulsaren) und Schwarzen Löchern herrschen. Deshalb lässt sie sich bei solchen Himmelskörpern testen.

Der bislang genaueste TeVeS-Test gelang mit einem Doppelsystem aus zwei Pulsaren mit der Bezeichnung PSR J0737-3039. Die sich umkreisenden Körper senden mit großer Präzision Radiopulse aus.

Abb. 8.3: Numerische Simulation des Gravitationswellensignals GW190412, bei dem zwei Schwarze Löcher miteinander verschmolzen.

Sie sind wie zwei extrem genau gehende Uhren, deren Pulse es erlauben, die Bewegungen der beiden präzise zu vermessen. Beide Körper sind etwa gleich schwer und enthalten rund 1,3 Sonnenmassen. Der eine von ihnen benötigt für eine Umdrehung um die eigene Achse 23 tausendstel Sekunden, der andere 2,8 Sekunden. Bei einem gegenseitigen Abstand von 900.000 Kilometern umkreisen sich die beiden Körper mit einer Geschwindigkeit von rund einer Million Kilometer pro Stunde in nicht einmal zweieinhalb Stunden.

Die beiden Pulsare strahlen Gravitationswellen ab und verlieren dadurch einen Teil ihrer Bahnenergie, was zur Folge hat, dass sie sich auf spiralförmigen Bahnen langsam näherkommen. Das lässt sich über Jahre hinweg mit höchster Präzision messen und mit den Vorhersagen der Allgemeinen Relativitätstheorie und von TeVeS vergleichen. Das 2021 veröffentlichte Ergebnis ist eindeutig: Die Messwerte stimmen bis auf 0,01 Prozent mit der Vorhersage von Einsteins

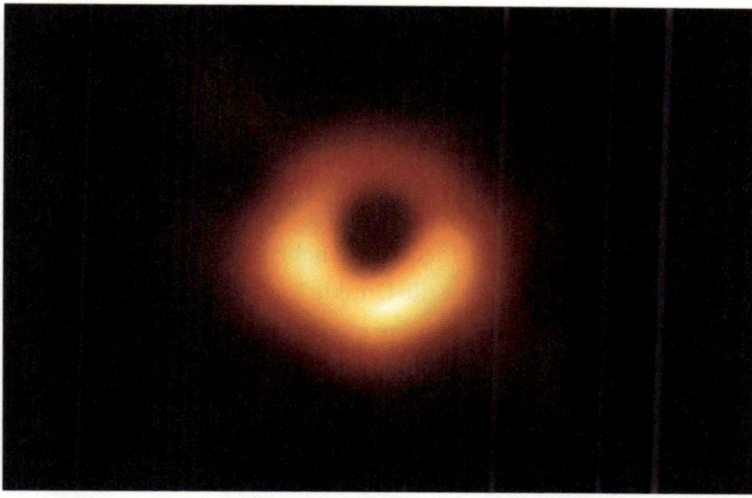

Abb. 8.4: Abbildung des Schattens des supermassereichen Schwarzen Lochs im Zentrum der Galaxie Messier 87

Theorie überein. Bekenstein kann sie nur dann erklären, wenn er sehr spezielle, unphysikalische Bedingungen annimmt. Damit ist TeVeS so gut wie widerlegt. Auch die neuen Messungen von Gravitationswellen, ausgelöst vor allem durch das Verschmelzen von Schwarzen Löchern, und die erste direkte Beobachtung eines supermassereichen Schwarzen Lochs im Zentrum der Galaxie Messier 87 mit dem Event Horizon Telescope bieten weitere Möglichkeiten, die Allgemeine Relativitätstheorie zu prüfen. Bislang hat sie alle Tests mit Bravour bestanden (Abbildungen 8.3 und 8.4).

Die MOND-Befürworter Benoit Famaey vom Observatorium Strasbourg und Stacy McGaugh von der Case Western Reserve University in Cleveland, USA, schrieben bereits 2012: „Sollten zukünftige Tests diese besonderen Vorhersagen von TeVeS widerlegen, während sie die der Allgemeinen Relativitätstheorie bestätigen, würde dies vielleicht TeVeS als eine brauchbare Elterntheorie für MOND widerlegen, hätte aber keinen Einfluss auf die MOND-Phänomenologie, die im Regime des schwachen Feldes beobachtet wird, und auch nicht auf die Lebensfähigkeit von MOND selbst. Es würde vielleicht einfach die Notwendigkeit aufzeigen, weiterhin nach einer tieferen Theorie zu suchen."

In der Tat gibt es mittlerweile eine Fülle an mathematischen Alternativen zu Einsteins Theorie. Manche führen neue Felder ein, um die Dunkle Materie oder die Dunkle Energie zu erklären, andere versuchen beides zusammen. Eine internationale Gruppe von Theoretikern mit dem Namen Cosmology and Astrophysics Network for Theoretical Advances and Training Actions (CANTATA) hat 2021 in einer Veröffentlichung eine Übersicht gegeben mit dem ernüchternden Fazit: „Die Modifikation der Allgemeinen Relativitätstheorie ist eine mühsame Aufgabe, nicht nur wegen ihrer exquisiten Leistung bei der Erklärung von Beobachtungen, sondern weil ihre interne Struktur durch Konsistenzbedingungen stark eingeschränkt ist […]. Diese heikle Struktur führt dazu, dass viele Modifikationen der Allgemeinen Relativitätstheorie von vornherein zum Scheitern verurteilt sind […]."

Fast alle alternativen Theorien verletzen Grundannahmen der Physik. Dazu zählen das Äquivalenzprinzip, wonach alle Körper unabhängig von ihrer Masse und Beschaffenheit gleich schnell fallen, oder die Lorentz-Invarianz. Letztere besagt, dass sich gewisse Größen nicht ändern, wenn man sie bestimmten Koordinatentransformationen (sogenannten Lorentz-Transformationen) unterzieht. Die Konstanz der Lichtgeschwindigkeit ist ein Beispiel. In den beiden Relativitätstheorien (der Speziellen und der Allgemeinen) sind diese Prinzipien erfüllt, sie bilden sogar ihre Grundlage. Sie lassen sich zudem in vielfältiger Weise mit einer enormen Präzision überprüfen. Bislang hat man im Rahmen der Messgenauigkeiten keinen einzigen Hinweis auf eine Verletzung eines dieser Prinzipien gefunden. Auch

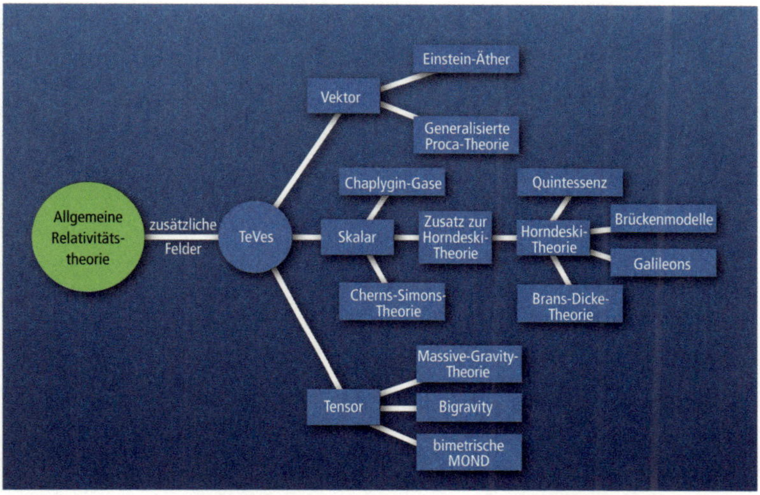

Abb. 8.5: Erweiterungen der Allgemeinen Relativitätstheorie in der Art von TeVeS, die zusätzliche Felder benötigen

das schränkt die Möglichkeiten für alternative Theorien stark ein. Eine überzeugende Erweiterung der Allgemeinen Relativitätstheorie erfordert also nicht nur mathematische Strenge, sondern muss vor allem auch physikalischen Randbedingungen standhalten. Bislang gelingt das nicht – und führt uns erneut die Brillanz von Einsteins Jahrhundertwerk vor Augen.

Damit stehen Physiker und Astrophysiker gleichermaßen vor einem Rätsel. Viele Beobachtungsergebnisse beweisen, dass uns entscheidendes Wissen fehlt. Entweder existieren eine unbekannte Teilchensorte und ein ebenso rätselhaftes Energiefeld, oder es zeichnet sich eine fundamentale Lücke in unserem physikalischen Grundverständnis ab. Wie auch immer die Lösung lauten wird: Sie wird Physik und Astrophysik revolutionieren. Zwei einflussreiche Wissenschaftsakteure in diesem Forschungsfeld bringen das seit Jahrzehnten brennende Problem und unsere heutige Unkenntnis auf den Punkt:

„Solange der endgültige Beweis für die Existenz der Dunklen Materie aussteht, sollten wir für Alternativen offen sein", sagt Milgrom. Und James Peebles mahnt: „Es ist richtig, das kosmologische ΛCDM-Modell weiterhin in Frage zu stellen, aber falsch, die Beweise aus der Fülle der Tests zu ignorieren."

MEILENSTEINE DER DUNKLE-MATERIE-FORSCHUNG

1922 Jacobus Kapteyn schließt aus der Bewegung von Sternen in der Milchstraße auf die Existenz von fehlender Masse. Er verwendet als Erster den Begriff Dunkle Materie.

1933 Fritz Zwicky folgert aus der Beobachtung der Galaxiengeschwindigkeiten im Coma-Haufen, dass die Materiedichte 400-mal so groß sein muss wie die der sichtbaren Galaxien. Auch er verwendet den Begriff Dunkle Materie.

1936 Einstein veröffentlicht eine Arbeit über „die linsenähnliche Wirkung eines Sterns". Sie ist die theoretische Grundlage für den Gravitationslinseneffekt, der Jahrzehnte später zu einem der mächtigsten Werkzeuge in der Dunkle-Materie-Forschung wurde.

1937 Fritz Zwicky erkennt die Möglichkeit, dass der Gravitationslinseneffekt bei Galaxienhaufen beobachtbar sein sollte.

1939 Horace Babcock und Jan Hendrik Oort sehen Hinweise auf eine zu schnelle Rotation der Andromeda-Galaxie und von NGC 3115. Die Messdaten sind jedoch mit großen Fehlern behaftet.

1948 Die Physiker George Gamow, Hans Bethe und Herman Alpher veröffentlichen ihre Theorie zur Entstehung der Elemente im Urknall. Heute gelten die Ergebnisse der primordialen Elementsynthese als eine der bedeutendsten Bestätigungen der Urknalltheorie und der Existenz von nichtbaryonischer Dunkler Materie.

1965 Arno Penzias und Robert Wilson entdecken die kosmische Hintergrundstrahlung.

1970 Mit dem Röntgensatelliten Uhuru findet man bis dahin unbekanntes heißes intergalaktisches Gas in den Galaxienhaufen.

1970 Vera Rubin und Kent Ford veröffentlichen die Rotationskurve der Andromeda-Galaxie mit deutlichen Anzeichen für die Wirkung von Dunkler Materie.

1971 Steven Hawking sagt die mögliche Existenz von primordialen Schwarzen Löchern voraus. Einige Jahre später erklärt sie George Chapline zu Kandidaten für Dunkle-Materie-Teilchen.

1973 James Peebles, Jeremiah Ostriker und Jaan Einasto sagen vorher, dass Spiralgalaxien in einen Halo aus unsichtbarer Materie eingebettet sind. Dieser stabilisiert die Galaxienscheibe gegen ihren Zerfall und erklärt die fehlende Materie.

1974 Julius Wess und Bruno Zumino veröffentlichen ihr Modell der Supersymmetrie (SUSY).

1977 Axionen werden als hypothetische Teilchen zur Lösung eines Problems des Standardmodells der Teilchenphysik vorgeschlagen.

1979 Robert Walsh, Robert Carswell und Ray Weymann entdecken die erste Gravitationslinse.

1980 Alan Guth trägt sein Modell des Inflationären Universums vor. Es verlangt, dass die Dichte im Universum gleich der kritischen Dichte ist.

1982 Die erste große Himmelsdurchmusterung des Center for Astrophysics zeigt die räumliche Verteilung von 2400 Galaxien und offenbart die „schaumige“ Struktur des Universums.

1983 Mordehai Milgrom veröffentlicht seine Theorie der modifizierten Newtonschen Dynamik (MOND).

1984 Leo Stodolsky und Andrzej Drukier schlagen Kryodetektoren zum Nachweis von Neutrinos vor. Ein Jahr später erkennen Mark Goodman und Edward Witten die Möglichkeit, damit auch WIMPs nachweisen zu können. WIMPs, Weakly Interacting Massive Particles, sind theoretisch vorhergesagte Teilchen, die gute Kandidaten für die Dunkle Materie wären.

1986 Erster WIMP-Detektor mit Germaniumkristallen geht in den USA in Betrieb und liefert ein Jahr später das erste negative Ergebnis.

1986 Bohdan Paczynski ruft seine Kollegen zur Suche nach dunklen Objekten im Halo der Milchstraße, den sogenannten MACHOs, auf.

1987 Roger Lynds und Vahe Petrosian entdecken die ersten leuchtenden Bögen in Galaxienhaufen. Sie entstehen aufgrund des 50 Jahre zuvor vorhergesagten Gravitationslinseneffekts.

1990 Mit dem Röntgensatelliten ROSAT gelingt es, in Galaxienhaufen die Masse des intergalaktischen Gases zu bestimmen.

1990 Erste Versuche zum Nachweis von Axionen laufen an. Sie bleiben erfolglos. Axionen wären auch geeignete Kandidaten für die Dunkle Materie.

1992 Der 1989 gestartete COBE-Satellit zeigt erstmals Unregelmäßigkeiten in der kosmischen Hintergrundstrahlung. Sie werden als Keime der Galaxienhaufen gedeutet.

1993 Erster Vorschlag, flüssiges Xenon als Dunkle-Materie-Detektormaterial zu verwenden.

1993 Zwei Forschergruppen melden die Entdeckung von MACHOs im Halo der Milchstraße mit Hilfe des Mikrogravitationslinseneffekts.

1994 Eine Aufnahme des Galaxienhaufens Abell 2218 zeigt rund 120 Bögen und „Arclets“, die durch die Gravitationslinsenwirkung der Haufenmaterie entstehen.

1996 Im Gran-Sasso-Untergrundlabor beginnen Testmessungen mit einem Kristalldetektor, mit dem deutsche und englische Physiker WIMPs nachweisen wollen.

1998 Das Experiment DAMA veröffentlicht die ersten Messdaten mit einem angeblich jahreszeitlich modulierten Dunkle-Materie-Signal.

2002 Das Dunkle-Materie-Experiment CRESST liefert ein erstes Ergebnis für die obere Grenze des WIMP-Wirkungsquerschnitts mit Kristalldetektoren.

2005 Erstes Ergebnis des britischen Experiments ZEPLIN I zur oberen Grenze des WIMP-Wirkungsquerschnitts mit flüssigem Xenon.

2005 Veröffentlichung der Millennium-Simulation, die die großräumige Strukturentwicklung der Dunklen Materie in bis dahin größter Genauigkeit zeigt.

2010 Das Licht-durch-die-Wand-Experiment ALPS zur Axionsuche liefert sein erstes negatives Ergebnis.

2011 Das Helioskop CAST liefert ein negatives Ergebnis zur Axionsuche.

2012 Erstes Ergebnis des XENON100-Detektors für die obere Grenze des WIMP-Wirkungsquerschnitts mit flüssigem Xenon.

2013 Die Ergebnisse des 2009 gestarteten Weltraumteleskops Planck werden veröffentlicht. Sie stellen die genauesten Daten zur kosmischen Hintergrundstrahlung bereit.

2014 Die Illustris-Simulation berechnet erstmals die großräumige Strukturentwicklung von Dunkler und normaler Materie gemeinsam.

2018 Die ADMX-Kollaboration veröffentlicht ihr erstes Ergebnis zur Axionsuche mit einem Haloskop. Im untersuchten Massenbereich konnten keine Axionen nachgewiesen werden.

2019 Das bis dahin empfindlichste WIMP-Experiment Xenon1T veröffentlicht ein negatives Ergebnis.

DANKSAGUNG

Zu diesem Buch haben einige Personen beigetragen, denen ich an dieser Stelle gern danken möchte. Da sind von Verlagsseite Sven Melchert, der ohne Zögern das Projekt unterstützt hat, und Justina Engelmann, die das Manuskript akribisch lektoriert und von Fehlern befreit hat. Sehr gefreut habe ich mich über die vorbehaltlose und engagierte Unterstützung auf wissenschaftlicher Seite, insbesondere von Simona Vegetti und Volker Springel vom Max-Planck-Institut für Astrophysik sowie Teresa Marrodán Undagoitia und Manfred Lindner vom Max-Planck-Institut für Kernphysik. Von zahllosen weiteren Wissenschaftlerinnen und Wissenschaftlern habe ich über die vergangenen drei Jahrzehnte hinweg viel gelernt über die ebenso facettenreiche wie schwierige und immer faszinierende Forschung am Rande des technisch Machbaren. Ihnen allen sei gedankt. Und nicht zuletzt auch meiner treuesten Leserin Ute.

REGISTER

BILDNACHWEIS

o = oben, u = unten, M = Mitte, r = rechts, l = links

13: ESA/Gaia/DPAC; CC BY-SA 3.0 IGO, A. Moitinho; 14: wikimedia/Paul Fouché; 16: F. W. Herschel, Phil. Trans. 75, 213 (1785); 17: Royal Society and the Royal Astronomy Society: The Scientific Papers of Sir William Herschel, 1912 via The University of Chicago Library; 18r: NASA, ESA, S. Beckwith (STScI) and the Hubble Heritage Team (STScI/AURA); 18l: William Parsons, Observations on the Nebulae, Philosophical Transactions of the Royal Society, 140, 499-514 (1850); 23: Calisphere/California Institute of Technology; 24: Martin Gertz, Sternwarte Welzheim; 25: Gerhard Weiland, Köln/

KOSMOS; 30 beide: Carnegie Institution for Science; 35: Gerhard Weiland, Köln/KOSMOS; 36 beide: Gerhard Weiland, Köln/KOSMOS; 40: ALMA (ESO/NAOJ/NRAO), Rizzo et al.; 42: ESA/D. Ducros, 2013; 43: Gerhard Weiland, Köln/KOSMOS; 44: ESO/L. Calçada; 45: NASA, ESA, J. DePasquale and E. Wheatley (STScI) and Z. Levay; 49: Gerhard Weiland, Köln/KOSMOS; 53: NASA, ESA, and the Hubble Heritage Team (STScI/AURA). Acknowledgment: D. Carter (Liverpool John Moores University) and the Coma HST ACS Treasury Team.; 54: Courtesy of the Archives, California Institute of Technology; 60o: DLR/EADS Astrium; 60u: Max-Planck-Institut für extraterrestrische Physik (MPE) via DLR; 61r: Max-Planck-Institut für extraterrestrische Physik (MPE); 61l: Max-Planck-Institut für extraterrestrische Physik (MPE); 62: ESA, Illustration by Ducros; 63: NASA/CXC/GSFC/S.A.Walker, et al.; 64: X-ray: NASA/CXC/Univ. of Chicago, I. Zhuravleva et al, Optical: SDSS; 68: Gerhard Weiland, Köln/KOSMOS; 71: NASA, ESA, S.H. Suyu (Max Planck Institute for Astrophysics, Technical University of Munich, and Academia Sinica Institute of Astronomy and Astrophysics), and K.C. Wong (University of Tokyo's Kavli Institute for the Physics and Mathematics of the Universe); 74: NASA, ESA, and Johan Richard (Caltech, USA), Acknowledgement: Davide de Martin & James Long (ESA/Hubble); 77: X-ray: NASA/CXC/Ecole Polytechnique Federale de Lausanne, Switzerland/D.Harvey & NASA/CXC/Durham Univ/R.Massey; Optical & Lensing Map: NASA, ESA, D. Harvey (Ecole Polytechnique Federale de Lausanne, Switzerland) and R. Massey (Durham University, UK); 78: X-ray: NASA/CXC/CfA/M. Markevitch et al.; Optical: NASA/STScI; Magellan/U. Arizona/D. Clowe et al.; Lensing Map: NASA/STScI; ESO WFI; Magellan/U. Arizona/D. Clowe et al.; 80: NASA, ESA, J. Jee (Univ. of California, Davis), J. Hughes (Rutgers Univ.), F. Menanteau (Rutgers Univ. & Univ. of Illinois, Urbana-Champaign), C. Sifon (Leiden Obs.), R. Mandelbum (Carnegie Mellon Univ.), L. Barrientos (Univ. Catolica de Chile), and K. Ng (Univ. of California, Davis); 81: privat via Max-Planck-Institut für Astrophysik (MPA); 83: ALMA (ESO/NAOJ/NRAO), Rizzo et al.; 88: ESA/C.Carreau; 92: wikimedia; 93: Gerhard Weiland, Köln/KOSMOS; 95: wikimedia; 98: "Photomantage of R. A. Alpher, G. Gamow, and R. Herman, 1949" aus Genesis of the Big Bang, 2001.; 101: NASA; 102: Princeton University/Denise Applewhite; 108: Gerhard Weiland, Köln/KOSMOS; 109: in Anlehnung an Vorlage von The Nobel Committee for Physics, Scientific Background on the Nobel Prize in Physics 2019; 110: ESA/D. Ducros; 111o: in Anlehnung an Vorlage von NASA-COBE-DMR; NASA-WMAP science team; ESA and the Planck collaboration; 111u: Gerhard Weiland, Köln/KOSMOS; 114: SDSS/M. Blanton; 120: Springel et al. (2005); 121: NASA/ESA/M. Kornmesser; 124: ESO/Illustris Collaboration; 125: Illustris Collaboration/Illustris Simulation; 126: Illustris Collaboration/Illustris Simulation; 131: E. Struble/NASA & ESA; 133: privat; 143 beide: Gerhard Weiland, Köln/KOSMOS; 145: Gerhard Weiland, Köln/KOSMOS; 147: Gerhard Weiland, Köln/KOSMOS; 150: NASA/WMAP Science Team; 153: Jens Niemeyer, University Göttingen; 159: Gerhard Weiland, Köln/KOSMOS; 160: Gerhard Weiland, Köln/KOSMOS; 164: Gerhard Weiland, Köln/KOSMOS; 169: Gerhard Weiland, Köln/KOSMOS; 172: Gerhard Weiland, Köln/KOSMOS; 173: Gerhard Weiland, Köln/KOSMOS; 175: U.S. Department of Energy; 182: Gerhard Weiland, Köln/KOSMOS; 183: Gerhard Weiland, Köln/KOSMOS; 184: Gerhard Weiland, Köln/KOSMOS; 189: Mc Cauley, Thomas: University of Notre Dame (US)/CMS Experiment at LHC, CERN; 192: T. Dettlaff/Max-Planck-Institut für Physik (MPP); 193: Gerhard Weiland, Köln/KOSMOS; 194o: APPEC/LNGS_INFN; 194u: Archiv des Autors; 197: in Anlehnung nach Vorlage von Max-Planck-Institut für Kernphysik Heidelberg/Xenon Dark Matter Project; 198: XENON Collaboration/Roberto Corrieri, Patrick De Perio; 199: XENON Collaboration/Enrico Sacchetti; 200: Gerhard Weiland, Köln/KOSMOS; 208: Rakshya Khatiwada, University of Washington; 210: Gerhard Weiland, Köln/KOSMOS; 211: Gerhard Weiland, Köln/KOSMOS; 212: CERN; 213: Gerhard Weiland, Köln/KOSMOS; 214o: CERN; 214u: Gerhard Weiland, Köln/KOSMOS; 216 beide: privat; 217, 218: XENON Collaboration; 224: Illustris Collaboration/Illustris Simulation; 227: Max-Planck-Institut für Kernphysik Heidelberg; 229: NASA; 233: Gerhard Weiland, Köln/KOSMOS; 237: Weizmann Institute of Science; 243: Gerhard Weiland, Köln/KOSMOS; 244: N. Fischer, H. Pfeiffer, A. Buonanno (Max-Planck-Institut für Gravitationsphysik), Simulating eXtreme Spacetimes project; 245: EHT Collaboration; 247: Gerhard Weiland, Köln/KOSMOS.